JN129796

amazon

オリジナルブランド

戦略で稼ぐ

アパレル物販の教科書

中国輸入 貿易ビジネス

根宜正貴 著

太陽出版

はじめに

●人生の成功者になる人、ならない人

本書を手にとってくださり、ありがとうございます。

世界最高峰の大学のひとつであるアメリカのハーバード大学が卒業生を追跡研究した調査で、達成したい目標を掲げた際の行動パターンが、下記のような割合になったそうです。

３％の人は目標に向けて行動し、成功をおさめる。

10％の人は失敗を重ねながらも最終的には成功をおさめる。

60％の人は途中で諦めてしまい成功しない。

27％の人は最初から行動すらせず成功しない。

この研究からわかることは、人生の成功者になれるかどうかは、目標に向けて「行動するか、しないか」にかかっているということです。

本書を手にしたあなたにも、「こうなりたい」という夢や目標があると思います。しかし、どれほど素晴らしい人生も、頭で考えているだけでは手に入れることはできません。著名な実業家や経営者が成功者になれたのは、いろんなことを実際に行動し、結果を残してきたからです。つまり、成功するかどうかは「何を考えたか」ではなく「何をしたか」で決まるのです。

●普遍のアパレルビジネスで稼ぐ

ビジネスで成功する道は無数にあります。その中には舗装された歩きやすいまっすぐの道もあれば、でこぼこで曲がりくねった険しい山道もあります。ビジネス初心者は失敗するリスクが少なく、堅実に成功できる道を選ぶほうがいいでしょう。

そして、誰もが低リスクで始められ、目標まで最短距離で到達できるビジネスとしておすすめしたいのが、本書で紹介する中国輸入

ビジネスの「アパレル」という分野です。なぜなら、時代がどのように変わっても私たちが衣服を着るということは変わらないからです。AIが急速に進化し、さまざまなもののデジタル化が進んでも、衣服をデジタル化することはできません。アパレルビジネスは、常にお客様に求められる、普遍のビジネスモデルなのです。

●誰もが成功者になれる

新しいことに挑戦しようとすると、不安な感情が出てくることもあるでしょう。私自身もそうでした。最初から全てが順調だったわけではありませんでしたが、諦めずに続けていくことで、10万円で始めたビジネスが三カ月後には180万円、半年後には300万円の売上を達成し、その三年後には年商１億円を達成することができました。また、そんな私の経験やノウハウを伝えながらコンサルティングの指導をしている生徒さんたちも、多くの方がしっかりと稼ぎ、成功されています。

本書でも、私自身の経験談、失敗談なども交えながら、アパレル販売で成功していくための方法や考え方をお伝えしています。アパレル販売の知識や経験がない初心者の方でも、本著の内容をステップ通りに実践していけば、堅実に売上を伸ばし、徐々にビジネスを拡大していくことができるでしょう。

芸能人がSNSであなたのブランドの服を着て映っている。街であなたのブランドの服を着たひととすれ違う。そんなシーンを想像してみてください。こんなワクワクすることが実際に起こる日はそう遠くないはずです。

まず次のページのイントロダクションから、読み進めて成功への第一歩を踏み出しましょう。

根宜　正貴

Contents　目次

Chapter 2 自分ブランドを立ち上げよう

Chapter 3
ビジネス成功のカギは、リサーチ力

Chapter 9
自分ブランドのオリジナル商品を作ろう

Chapter 10

副業から経営者へのステップアップ

Introduction

中国輸入ビジネスの
隠れた魅力に気づこう

距離が価値を生む貿易ビジネス

中国輸入ビジネスは、紀元前からある貿易ビジネスのひとつです。世の中には様々なビジネスモデルがありますが、利益を出しやすいものもあれば、出しにくいものもあります。そのなかでも貿易ビジネスは、シルクロードの時代からあるくらい歴史の**深い（長い）**もので、とても利益を出しやすいビジネスモデルだといえます。

古代中国と西洋を結ぶシルクロードでは盛んに貿易が行われてきました。人々は各地で仕入れた絹織物や食品、香辛料、陶器、絵画など、様々なものをラクダの背に乗せ、何日もかけて都から都へと移動し、売買することで利益を出していました。人々の身近にない新しいもの、手に入れることのできないものを販売することで、喜ばれると同時に利益を生み出してきたのです。**貿易ビジネスとは、距離が価値を生み出すビジネスだといえるでしょう。**

近距離輸入なら輸送コストを抑えられる

中国輸入ビジネスとは、その名の通り中国から商品を輸入します。「距離が価値を生むのであれば、もっと遠くの欧米やアフリカから輸入したほうがいいのでは？」と思うかもしれません。

しかし遠すぎると輸送コストがかかりすぎてしまいます。**中国ならば比較的近いので、輸送コストもリーズナブルです。**そのため、仕入れる量が少ない初心者でも利益が出しやすいのです。

中国の工場が集結しているアリババグループの工場から仕入れる

貿易というビジネスモデルにおいては、**「安く仕入れる」こと**が何よりの成功ポイントになります。中国は人件費が安く、安定した品質の商品を日本に比べて格安で仕入れることができます。その意味でも中国輸入ビジネスを選んだ時点で、成功に必要不可欠な要素をすでにひとつ手に入れています。さらには「中国は世界の工場」といわれるだけあり、膨大な数の工場が中国全土に点在しています。日本の25倍の面積がある中国全土の工場を自分の足で見て回り、商品を仕入れるのは非現実的です。しかし良い方法はあります。中国全土の工場が集結している「アリババ」を使うのです。アリババとは、中国最大手のIT企業アリババグループが運営する卸売りECモールです。アリババは中国語で表記されていますが、心配いりません。私は中国語がわかりませんが、アリババを使って商品を簡単に仕入れることができています。詳しいアリババの使い方についてはChapter3で説明いたします。

日本最大級のECモール「Amazon」で売る

仕入れた商品は「Amazon.co.jp（以下、Amazon）」で販売します。大企業は店舗や自社ECサイトなどで販売しますが、一個人には費用がかかりすぎてしまいます。そこで中国輸入ビジネスでは、大手ECモールAmazonの力を借ります。それが初心者にとってはベストな選択です。Amazonは我々販売者に代わって、その圧倒的な知名度とブランド力で集客をしてくれている**最も売上規模が大きいECモールのひとつです。**

2 成功の5つのステップ

中国輸入ビジネス成功の5つのステップ

「アリババで仕入れる」「Amazonで売る」。中国輸入ビジネスの一番シンプルな形です。しかし、これを知っているだけでは中国輸入ビジネスで成功することは困難です。では、何を知ればいいのか。それが「中国輸入ビジネス成功の５つのステップ」です。

成功の５つのステップを１つずつ進んでいこう

ステップ-1	商品ジャンル選び	詳しくは Chapter1で
ステップ-2	自分ブランド立ち上げ	詳しくは Chapter2で
ステップ-3	商品リサーチ	詳しくは Chapter3で
ステップ-4	商品の仕入れ	詳しくは Chapter4で
ステップ-5	商品の出品	詳しくは Chapter5･6で

↓

販売スタート

この5つのステップは、「金のなる木」を種から育てるとイメージをしてください。それではステップ1から順番にご説明していきましょう。

ステップ1の「商品ジャンル選び」は、いわば「畑選び」です。成長したらおいしい実がなりそうな畑（場所）を選びましょう。

ステップ2の「自分ブランド立ち上げ」は、いわば「畑を耕すこと」です。きちんと成長しやすい畑を準備しましょう。

ステップ3の「商品リサーチ」は、いわば「種選び」です。実をつける種だけを選び出しましょう。

ステップ4の「商品の仕入れ」は、いわば「種まき」です。種をまき、水と肥料を与えて育てます。

ステップ5の「商品の出品」は、いわば「収穫」です。特定の季節にたくさん果実を実らせる木もあれば、季節にかかわらず一年を通して果実を実らせる木もあります。

この5つのステップ通りに実践することで、何のセンスも経験もないビジネス初心者であっても、初めから高い確率で売上を出していくことができます。さらにはステップ1からステップ5を繰り返すことで、あなたは木を増やすことができ、永続的に稼ぎ続けることができるようになります。

上級者は、ステップ1とステップ2を絶対にサボらない

ビジネス初心者は、早くお金という実が欲しいがために、種からではなく適当な芽を見つけて、いきなりステップ4から始めてしまいがちです。そして実がつくことを期待してせっせと水をあげます。ところが、「うまく育たず枯れてしまった」「木にはなったけど、全然実がならない」なんてことがあるわけです。

そして、上級者ほどステップ1からきちんと行っています。どの

種類の畑と種を選び、どのタイミングで種をまくのか、どのくらい種に水と肥料を与えるのか。勝負はその時点で９割決まっているのです。ステップ１とステップ２を軽視する人は、仕入れた商品が思うように売れずに、大量の不良在庫を抱えて失敗してしまうのです。

商品点数を増やし、「金のなる森」のオーナーになろう

金のなる木は、一度成長させてしまえば何度も何度も売上という「お金の実」をつけてくれます。ステップ１からステップ５まで進んだら、ステップ４～５を繰り返し続けましょう。これはさほど時間も労力もかかりません。

そこで次に行うべきは、再びステップ１に戻って、また新しい金のなる木を種から育て始めることです。こうして１本、２本、３本と木を増やしていく、すなわち取り扱う商品点数を増やしていくことで、あなたの売上は堅実に上がっていくことになります。

ある季節に一気に大量の実をつける木や一年中安定的に実をつけ続ける木など、あなたは多様な木が集まった「金のなる森」のオーナーとなり、管理することで資産をどんどん増やしていくことができるわけです。

3 中国輸入ビジネス10のメリット

本当に稼げるという確信を持って実践しよう

「はたして本当に稼げるのか？」。中国輸入ビジネスを始めるにあたって、この疑念を抱くひとは多いです。そんな疑念を抱いていたとしても、実際に仕入れた商品が売れ始めると「すごい！本当に稼げるんだ！」と本腰を入れて実践するようになり、売上はどんどん伸びていきます。つまり「本当に稼げるのか」と半信半疑だったとしても、この本に書いてある通りに素直に実践することが成功するための最短ルートなのです。

とはいえ、疑念は払しょくしておくに越したことはありません。「中国輸入ビジネスは稼げるに違いない！」と確信して取り組めば、実践するスピードも速くなり、利益が出るまでの期間は大幅に短縮されるはずです。ここから中国輸入ビジネスのメリットを10個まとめてお伝えします。「本当に稼げるの？」という疑念が晴れて、「早く実践したい！」とワクワクした気持ちになることでしょう。

メリット1　ネット通販の市場に追い風が吹いている

コロナ禍以降、外出自粛などによる巣篭もり需要の増加によりインターネットで買い物をする、いわゆる「ネット通販」を利用するひとが増加しました。経済産業省のデータによると、個人向けのネット通販の市場規模は、コロナ前の2019年から2022年までの三年間で約1.４倍に拡大しました。

今後もAmazonや楽天市場といったECモールの需要はさらに高まることが期待できます。

通販ビジネスの市場規模(単位：億円)

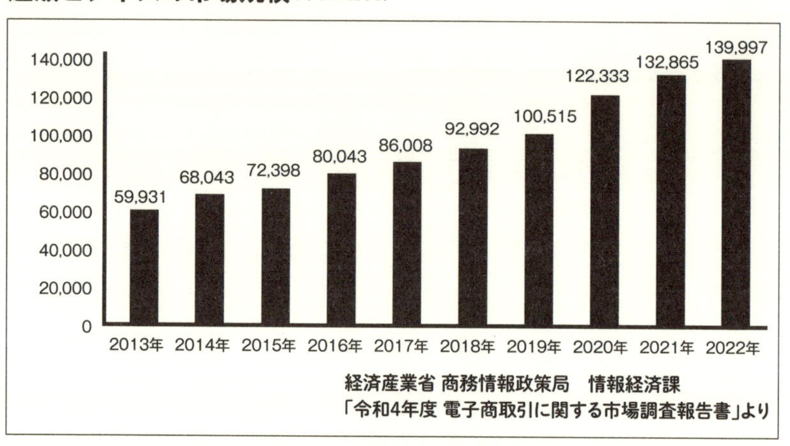

経済産業省 商務情報政策局　情報経済課
「令和4年度 電子商取引に関する市場調査報告書」より

■ メリット2　世界情勢が不安定な中でも稼げる

国際情勢が不安定になると、「中国輸入ビジネスを始めようと思うのですが、中国から商品はきちんと届きますか？」と問い合わせてくるひとがよくいます。

アリババを運営するアリババグループ（阿里巴巴集団）の2023年度の売上高は9411億6800万元（約20兆3416億円）。楽天グループの2023年度の連結売上収益は２兆713億円ですから、アリババグループの売上規模は、楽天グループの約10年分に匹敵するということになります。

これだけ巨大な売上のアリババグループの心配をするくらいなら、日本企業の心配を先にしたほうがよさそうですね。実際、私のビジネスはコロナ禍でも止まることはなかったです。それどころか、コロナ禍から中国輸入ビジネスに挑戦した初心者でも、売上が月に100万円、200万円と実績を出しています。このように世界情勢が不安定な状況でも、中国輸入ビジネスは普遍的に稼げるビジネスモデルです。

■ メリット3　好きなときに、好きな場所でできる

中国輸入ビジネスというと、難しく感じて身構えてしまうひともいるかもしれません。「現地に買い付けに行くのは大変そう」「資金力のある大手企業でないと稼げないのでは」と思うかもしれませんが、心配はいりません。中国輸入ビジネスは、パソコン一台で商品の輸入も販売も完結します。

朝でも夜でも、自分の生活スタイルに合わせて実践することができますので、夜勤などで不規則な勤務体系の職場のひとでも実践可能です。また子育て中の主婦の方でも、育児の合間時間を活用して売上を上げていくことが十分に可能です。

時間が自由になるだけではありません。インターネット環境さえあれば実践できますので、場所にも縛られません。地方の片田舎に住んでいる、出張が多い、都心への距離や帰宅時間が遅いなども、少しのハンデにもなりません。今あなたがどこに住んでいて、どんな仕事をしていようが、成功への一歩を踏み出せるのです。

■ メリット4　売上が安定し、安心してビジネスに取り組める

中国輸入ビジネスは毎月の売上金額を予測しやすいビジネスです。なぜなら、一度仕入れて売れた商品を、繰り返し仕入れて継続的に売上を立てていくことができるからです。その結果、「今月は売上が100万円だから、来月も少なくとも90万円はいくだろう」と、先の売上予測を立てることができるのです。「先月の売上は100万円だったけれど、今月はゼロ」というようなギャンブルのようなビジネスとは違います。毎月の売上が安定していることで、あなたは安心してビジネスに取り組むことができるでしょう。

■ メリット5　センスやスキルがなくても稼げる

　初心者でも中国輸入ビジネスで成功しやすい最大のポイントは、個人のスキルや才能に頼らずに稼いでいけることです。その理由は、「後出しじゃんけん」ができるからです。後出しじゃんけんは、先に相手の手の内を知った上で、グー、チョキ、パー、自分がどれを出すのかを選べます。勝てるものを後から出せるので全戦全勝です。負けることはまずありません。中国輸入ビジネスでは「どの商品が売れるのか？」を事前に商品リサーチによって知ることができるのです。具体的には、Amazonで販売中の商品の中で、すでにたくさん売れている実績がある商品のみを取り扱えばいいのです。

■ メリット6　在庫リスクを最小限に抑えられる

　初心者がアリババで最初に仕入れる商品は、すでに工場が生産済みの既製品です。経験豊富な中級者、上級者は「こういう商品を作ってほしい」とオリジナル商品を一度に大量発注する場合もありますが、経験が浅い初心者のうちは生産済みの既製品を仕入れることをおすすめします。なぜならば少量でも安価に仕入れることができるため、不良在庫を抱えるリスクを最小限に抑えられるからです。

　後出しじゃんけんをして売れる可能性の高い商品だけを選りすぐって仕入れていることに加え、少量だけ仕入れるわけですから、石橋を叩いて渡るビジネスともいえるでしょう。万が一、売れ行きが悪くなり在庫を抱えそうになった場合には、商品原価でそのまま右から左へ売ってしまえば赤字にはなりません。中国輸入ビジネスは利益を出しやすいだけでなく、赤字になるリスクを限りなくゼロに近づけることができる堅実なビジネスでもあるのです。

■ メリット7　売上を伸ばしやすい

　一度売れた商品を追加発注するとき、手間はほとんどかかりません。一回目の発注に比べて格段に労力が下がります。そのためあなたは、新たな商品点数を増やしていくことに尽力できます。売れる可能性の高い商品だけを選んでどんどん商品点数を増やしていきましょう。商品点数が増えると商品管理が大変そうと不安を感じるひともいるかもしれません。しかしAmazonが販売者に提供している販売管理画面「セラーセントラル」上で、簡単に商品管理ができますので安心してください。

「少ない商品点数のみで、たくさん売れる利益率の高い商品だけを取り扱いたい！」と初心者は考えがちですが、実は商品点数を増やしていくほうが圧倒的に売上を伸ばせますし、売上がより安定することにもつながります。

メリット8　社会的信用が高く、融資を受けやすい

「Amazon中国輸入ビジネスは、インターネット上で稼ぐビジネスだから怪しそう」といわれたことがあります。しかし、実際には真逆です。お金の流れも商品の流れも、全ての事業活動を具体的に第三者に説明しやすいため、銀行や投資家に事業価値を理解されやすいという特長があります。当然、社会的信用が高く評価されますから、銀行などからの融資も受けやすいビジネスです。「商品の仕入れ資金を融資してほしい」、その資金を商品の仕入れに充てると説明すれば、融資する銀行側も売上金額が伸びて利益金額もさらに増えるという予想が立てやすくなります。

メリット9　Amazonが販売から発送まで全部やってくれる

ネット通販を行うにあたり、意外と手間がかかる作業が、梱包・発送、代金回収、顧客対応などです。これらの雑務を全て代行してくれるのが、AmazonのFBAというサービスです。別途費用はかかりますが、煩雑な作業を任せることができ、Amazonの迅速な対応

により顧客満足度も上がります。Amazonで物販をするなら必要不可欠なサービスです。はじめから活用していきましょう。

メリット10　やりがいを感じやすい

中国から品質の良いものを安く仕入れ、手頃な価格で販売すると、お客様から喜びの声をいただくことがよくあります。

Amazonのカスタマーレビューに「得した気分です」「安価で提供してくれてありがとう」といった感謝のコメントをいただくと自分のビジネスが役に立っていることが実感できます。

「もっとたくさんの商品を取り扱って、売上を上げていこう」とビジネスに対するやる気がさらにアップします。結果的にさらに発展して、良い上昇スパイラルが生まれるのです。

不透明な時代をフットワーク軽く生き抜こう

新型コロナウイルス発生以前は、日本政府が働き方改革をどれほど推進してもあまり変化はありませんでした。ところが、コロナ禍以降、働き方は一気に変わらざるを得なくなりました。副業を推進し、テレワークなども選択肢のひとつとして定着しました。このような時流は、中国輸入ビジネスに取り組む個人起業家には有利だといえます。

コロナ禍に私たちは、大企業も時代が変われば簡単に倒産するリスクをはらんでいることを目の当たりにしました。そんな変化の激しい時代だからこそ、フットワーク軽く自ら稼いでいくことで収入の柱を増やしていくことが大切です。中国輸入ビジネスは、私たちがそれを実現できる最高のビジネスだといえるでしょう。

Chapter 1

中国輸入ビジネスの「アパレル」で勝負する

1 商品ジャンルを絞れば売れやすい!

ブランドイメージを確立して、売上を伸ばそう!

中国輸入ビジネス成功の５つのステップ、本章ではステップ１のジャンル選びを解説します。ジャンル選びとは、いわば何の専門店を作るかを決めるということです。専門店になることで「〇〇といえばアパレルのブランド」というように、お客様のブランドイメージが確立しやすくなります。幅広いジャンルの商品を扱うよりも、専門店になってしまったほうがお客様から覚えてもらいやすく、また信頼してもらいやすいため、売上が立ちやすいのです。

商品リサーチが効率化でき、売れる商品がすぐに見つかる

Introductionで説明した通り、中国輸入ビジネスの５つのステップは「お金のなる木」を育てることに例えられます。ステップ１でおいしい実のなる畑選び、ステップ２で畑を耕し、ステップ３で種をまき、大きくておいしい実がなるように水と肥料を与えて育てます。

このステップ3の工程は、商品リサーチにあたります。ある方法でAmazonの販売データを調べ、売れる商品を見つけ出すのです。ジャンルを絞って商品を扱っている場合、この商品リサーチで調べる販売データも、ジャンルを絞って調べることになります。ジャンルごとに販売データには傾向がありますから、それが見えてくると売れる商品がさらに見つけやすくなります。

ステップ4の商品の仕入れ段階では、商品ごとに仕入れる工場を探すことになります。ジャンルを絞っておくことで同じジャンルの工場ばかりを見ることになりますから、工場選びに慣れるのも早いでしょう。また、ステップ3とステップ4の相乗効果として、「工場を調べていたら、売れそうな商品が見つかった」ということもよくあります。

ジャンルを絞ることで初心者でもひとつひとつのステップに早く慣れることができ、効率化も図れ、さらには相乗効果も生まれるというわけです。ジャンルを絞ることで、一気にレベルアップしていきましょう。

2 なぜアパレルジャンルを選ぶのか

商品に自分のブランドがつけられるOEM

Amazonで商品を販売している人たちは、大きくふたつに分けることができます。ひとつは他社ブランドの商品を販売するひとたち。そしてもうひとつは、自社ブランドの商品を販売するひとたちです。前者は「転売屋」などといわれて揶揄されることもある方法ですが、中国輸入ビジネスでは後者の方法を取ります。これは「OEM」と呼ばれている方法です。

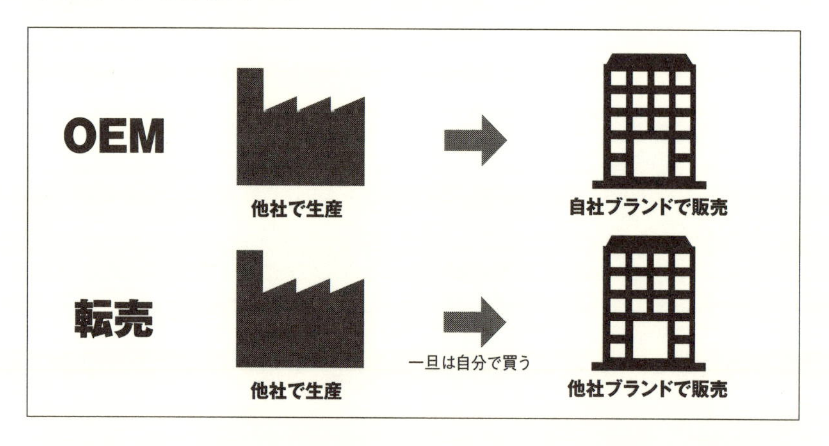

OEMとは、Original Equipment Manufacturerの略で、直訳すると「オリジナルの製品の製造業者」です。これは自社製品ではなく、他社のブランドで商品を製造することを請け負う工場やメーカーを意味します。このOEMにより、他社の工場で商品を製造し、自社

のブランド名を付与して販売することができます。

身近なOEMの例としては、自動車業界があります。例えばダイハツブランドで販売されている「ブーン」と、トヨタブランドで販売されている「パッソ」は、どちらも同じ工場で生産されている小型サイズの乗用車です。基本的な中身や仕様は同じ車で、ブランド名のエンブレムが違うだけです。ダイハツにとっては軽自動車の販売台数が伸び、トヨタにとっても軽自動車の顧客を取りこぼさなくなりますので、両者はWin-Winの関係となっているわけです。

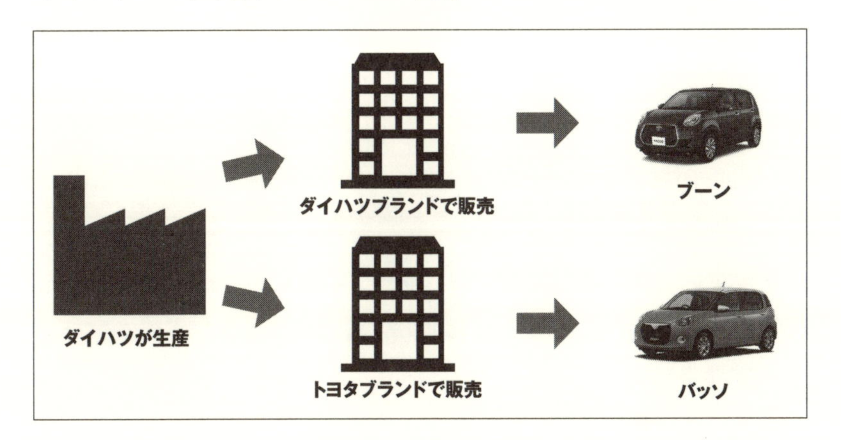

アパレルはOEMがやりやすい

そして中国輸入ビジネスにおいて、OEMが非常にやりやすいジャンルが、アパレルです。中国の工場は世界中の企業と取引する中で、様々なデザインのアパレル商品をブランド名のついていない状態で製造しています。これを「ノーブランド品」と呼びます。中国の工場は、世界中のバイヤーがそれぞれの国でそれぞれのブランド名で自由に販売しやすいように、あえてブランド名を付けずに販売しているのです。アリババで調べることのできる工場は、OEMでの商品の製造を提案しています。

中国の工場と世界中の企業は、車のOEMと同じのようにWin-Winの関係になります。

中国の生産工場としては、注文ごとに商品を少量ずつ生産するよりも、「ノーブランド品」を一度に大量に生産したほうが生産コストを抑えられ、安価で提供できます。時間も短縮でき、販売数も大幅に増やせて売上を伸ばせるというわけです。

世界中の企業にとっても、仕入れ価格を抑えることになりますので、結果的に利益が増えるのです。また、少ない数から商品を仕入れることができますので、初心者にとっても始めやすいといえます。

布タグを付けるだけで、自分ブランド化できる

プラスチック製品のOEMでは、ブランド名を商品に型押ししたり、印字したり、刻印したりと、商品の生産過程でブランド名を付与する必要があります。そのため、OEMであっても大量の発注が必要になることが多いです。

しかしアパレルは、商品を仕入れたあとでブランド名が記載された布タグを「後付け」するだけで自分のブランドの商品が作れます。Tシャツの場合、首元にブランド名の布タグを付けるだけで自分のブランドの商品として販売できるのです。同じ布タグを他の商品とも共用できるので、コストも低く済みます。

3 アパレル商品はこんなにすごい！ 知ってびっくりメリット6選

始める前に押さえておくべき、アパレルの豆知識

扱うジャンルをアパレルに決めた段階で、アパレルについて知っておくとよい豆知識をお伝えしておきます。事前に知っておくことで、この後のステップ２以降がやりやすくなることでしょう。

メリット1　未来永劫あり続ける

ＩＴ化が加速する世の中において、デジタル化の波に飲み込まれて消えていってしまう商品があります。例えば、ほんの10年前まではどの街でも売られていた音楽CDです。Appleが音楽プレーヤーiPodを販売したことで、音楽を一曲単位でダウンロード販売する方式が主流となり、音楽CDはものすごいスピードで淘汰されていきました。そこにとどめを刺したのが、サブスクでの月額定額制の音楽聞き放題サービスです。

このように時代の変化と共になくなってしまうような商品を扱っていると、今は稼げても近い将来稼げなくなってしまいかねません。しかしアパレルは、なくなってしまう可能性が限りなくゼロに近いといえます。衣食住という言葉が示す通り、衣服は人間が生きる上で必要不可欠な「生活必需品」です。アパレルに絞って中国輸入ビジネスを始めるということは、５年後、10年後の収入の柱を作る取り組みでもあるのです。

メリット2　毎年新たなトレンドが生まれ続ける

ひとは飽き性なので、常に新しいものを求めています。日本に限らず、世界中の人々が「新しい服を買って、おしゃれをしたい！」という欲求を持っています。これは人間の本能であるといってもいいくらいでしょう。アパレル業界では、年が変わるごとに「今年のトレンド」が生まれます。そのたびに生産工場では新商品が生産されますので、商品ラインナップには事欠くことはありません。つまりビジネスチャンスが常に生まれ続けているといえます。

メリット3　永続的に売れやすい

日本には四季があり、季節ごとに売れる服が変わります。そして、売れる服の中でも、毎年その季節になると売上が見込める「定番商品」があります。夏は水着やＴシャツ、冬はコートやマフラーなどです。ほかにも機能が違うことで季節別に売れる商品があります。例えば機能性インナーは、夏は速乾性のあるものが売れ、冬は保温性のあるものが売れます。

もちろん、一年を通して売れ続ける商品もあります。使い勝手のいいトップスやパンツなどは、季節を問わず安定して売れ続けます。

メリット4　検品がしやすい

どんな商品を取り扱うにせよ、お客様に不良品を販売するわけにはいきません。そのため、販売前の品質チェックはとても重要です。「アパレル」商品の検品作業は、簡単で、誰でも行うことができます。

例えば、USBメモリやスマートフォンの充電ケーブルのような電子系商品は、ひとつずつ動作確認をする必要があります。さらには専門知識がないと、必要なチェック項目がわからずに満足な検品ができず、クレームにつながる場合があります。

一方、アパレルの検品はとてもシンプルです。一度目の検品でサイズやデザインなどを細かくチェックしたら、二度目以降は糸のほつれや縫製不良などを確認するだけで完了します。作業の負担が軽く、また、誰かに検品を依頼する場合も指示が出しやすいといえます。このようにアパレル商品を取り扱う上で、検品のしやすさは大きなメリットになります。

メリット5　輸送も商品管理も簡単

アパレル商品は、食品などと違い賞味期限はありませんので、「いつまでに売らなければいけない」と焦る必要もなければ、廃棄ロスもなく利益が出しやすいといえます。そのため、商品ごとの管理もとても簡単です。

アパレル商品は布製品が多いため、輸送途中に壊れるリスクも非常に低いです。例えば、飛行機での輸送が禁止されているリチウムイオンバッテリーなどと異なり、基本的にどんな商品も航空便で送れます。かさばらないので、輸送費用も安く抑えやすく、いいことずくめです。また、届いた後も常温で保管しておくことができます。

メリット6　規制を受けにくい

商品を輸入するビジネスを行うならば、必ず知っておかなければならないのが輸入にまつわる法律です。

他の商品ジャンルで少し例をあげると、例えばおもちゃのピストルは、殺傷能力がまったくなかったとしても、銃砲刀剣等所持等取締法の規制を受けることがあります。コンセントの付いた家電製品を販売する場合には、自分で電気用品安全法の基準をクリアしているかどうかをテストしなければいけません。

しかしアパレル商品のジャンルに関しては、規制を受ける商品がほとんどありません。初心者でも参入しやすいジャンルです。

Column
目指すは……

アパレル専門店をつくろう!

「新品を頼んだはずが、開封済の商品が届いた」
「いつまでたっても届かず、販売者とも連絡が取れない」
「届かないと思っていたら、勝手にキャンセルされていた」

ネットショッピングするひとが増え続けるのに伴い、このようなトラブル事例も増えています。トラブルを避けようと、お客様も苦い経験から学び、販売者情報を細かくチェックするひとが増えてきています。

お客様は商品ページから販売者情報のページにやってくると、販売者としての評価やレビュー内容をチェックします。そしてそのまま、ほかにどんな商品を扱っているのかもチェックすることがあります。

このとき取り扱い商品に統一感のある品ぞろえだと「専門店」という印象を与えることができます。専門店化することで、お客様に安心や信頼感を抱いてもらいやすいのです。つまり初心者でもアパレル商品のみを取りそろえることで、雑多な商品を取り扱うライバルセラーと差別化できるということです。

同じアパレルでも、女性向けの商品に特化したり、スポーツやアウトドア系の商品に特化したりと、独自の特徴を出すことでさらに差別化をすることができます。専門店になることで、より多くのお客様から信頼されやすくなり、ライバルセラーとの差別化ができます。

増加し続けるネットショッピングの利用客を取り込んで、右肩上がりのビジネスへと成長させていきましょう。

Chapter 2

自分ブランドを立ち上げよう

1 自分ブランドの強みを見てみよう

「3匹の子ぶた」で自分ブランドを学ぶ

同じように中国輸入ビジネスをやっているように見えても、稼げる人と稼げない人の間には大きな違いがあります。それが本章のテーマである、「自分ブランド」です。この自分ブランドを使いこなすための考え方を、イギリスの童話「３匹の子ぶた」に例えて説明します。

輸入ビジネスを始めた3匹の子ぶた

むかしむかし、あるところに、3匹の子ぶたがいました。一番上のお兄さんが「大ぶたちゃん」、2番目のお兄さんが「中ぶたちゃん」、3番目の末っ子が「ミニぶたちゃん」です。さて3匹は、それぞれ中国から仕入れた服をAmazonで販売することになりました。

大ぶたちゃんは、ノーブランドのまま商品を出品しました。商品ページに商品画像を掲載して、商品タイトル欄にはＴシャツ、無地、長袖、綿100％と入力し、はい簡単、すぐに出来上がりました。

中ぶたちゃんは、商品にブランド名をつけて商品を出品しました。

ブランド名を考えて、そのブランド名を商品タイトル欄に掲載して商品ページを作ります。カチカチカチと、はいこちらも比較的簡単にできあがりました。

「ぼくの商品ページは、法律にしっかりと守ってもらおう」

ミニぶたちゃんは、ブランド名を考えて、弁理士さんに相談して特許庁に商標登録を出願し、商標権を取得しました。少し時間はかかりましたが、法律で守られた商品ページが完成しました。

ノーブランドの大ぶたちゃんはオオカミにやられた！

大ぶたちゃんが商品を販売開始してほどなくすると、商品が順調に売れていくようになりました。購入者からの評判も良く、大ぶたちゃんは大喜びです。それを陰から見ていたオオカミが、大ぶたちゃんの商品とよく似た粗悪品を安く仕入れました。そして大ぶたちゃんの商品ページで売り始めました。

大ぶたちゃんは、自分が作った商品ページでオオカミも同じように売り始めたのでビックリ。オオカミの商品を買ったお客様から、商品ページに低評価がたくさんついてしまいました。オオカミの商品は、安い粗悪品だったのです。そのせいで、お客様が寄り付かない商品ページになり、大ぶたちゃんは大泣きしてしまいました。

中ぶたちゃんもブランド名だけでは惨敗！

大ぶたちゃんで味を占めたオオカミは、中ぶたちゃんの商品ページにやってきました。オオカミはブランド名がついていることに気づきましたが、気にせずによく似た商品を安く仕入れて販売を始めました。

中ぶたちゃんは、オオカミが自分の商品ページで大幅値下げをして売り始めたのでビックリ。Amazonにオオカミのクレームを入れましたが、取り合ってもらえませんでした。結局、オオカミの安い粗悪品ばかりが飛ぶように売れていき商品ページにはみるみるうちに悪い評価がついていきました。中ぶたちゃんの商品ページにもお客様が寄り付かなくなり中ぶたちゃんは大泣きしてしまいました。

ミニぶたちゃんは商標権で、オオカミを追い払った！

さて、それからオオカミは、ミニぶたちゃんの商品ページにやってくると、早速、粗悪品を売り始めます。しかし、なぜかオオカミの商品は販売停止になってしまいました。

仕方なく、オオカミは別の商品ページを作って販売し始めました。ブランド名は、ミニぶたちゃんと同じ名前です。しかし、またオオカミの商品は販売停止になってしまいました。それだけでなく、なぜかオオカミのアカウントは停止になってしまい、二度とAmazonで商品が販売できなくなってしまいました。

商標権を取得しているミニぶたちゃんの商品ページは、Amazonがきちんと守ってくれたのでした。ミニぶたちゃんは独占的に商品を販売し、たくさんのお客様から喜ばれて幸せに暮らしました。

「3匹の子ぶた」の行動はどこが違ったのか
3匹の子ぶたの行動をまとめてみましょう

大ぶたちゃんはブランド名も商標権もなし。中ぶたちゃんはブランド名だけはあり。ミニぶたちゃんはブランド名も商標権もありました。結果、大ぶたちゃんと中ぶたちゃんは商品ページをオオカミに乗っ取られ、めちゃくちゃにされてしまいましたが、ミニぶたちゃんだけはオオカミを撃退することができました。

なぜミニぶたちゃんだけが商品ページを守ることができたのか。ひとつずつ解説していきましょう。

オオカミが来る！　「相乗り出品」の恐怖

オオカミのように、他人が作ったAmazonの商品ページで商品を売ることを、「相乗り出品」といいます。相乗り出品されている商品ページの例を次ページに示します。

「相乗り出品」されてしまった商品ページ

この商品ページは、一見すると一人のセラー（販売者）だけが売っている普通の商品ページのように見えるかもしれません。

しかしよく見ると「カートに入れる」の下に他の出品者の価格「新品（4）件の出品」と書かれており、その下には「¥1,870」とさらに安い金額が書かれています。

消費者からすると、「もっと安く買うことができるの？」と気になることでしょう。表示をクリックすると、複数の相乗り出品者の価格が表示され、それぞれのセラーの出品情報が表示されます。

相乗り出品は、価格競争を引き起こす

この商品ページを作ったセラーは、大ぶたちゃんのようにノーブランド品として出品しています。そのため、他のセラーに相乗りされてしまっています。

このように同じ商品ページ内で複数のセラーがいると、どうなるでしょうか。**お客様の消費者心理からすると、同じ商品ページで売られている商品はまったく同じなわけですから、それならば1円でも安く買いたいと思って当然です。**セラーごとに評価を確認することもできますが、よほど悪い評価でない限り価格の安いほうを選ぶでしょう。

そのため、セラーはお客様に選ばれるために他のセラーよりも少しでも安い価格をつけようと値下げを始めます。そうすると、さらに他より安くしようと終わりのない不毛な値下げ競争が始まってしまうのです。

大ぶたちゃんに学ぶ、ノーブランド出品のリスク

なぜオオカミは相乗り出品することができたのか。それは**「同じ商品であれば、同じ商品ページで売らなければいけない」というルール**がAmazonにあるからです。Amazonからすると同じ商品であれば「相乗り出品」することをむしろ推奨しているわけです。

大ぶたちゃんのように、ノーブランドで商品を出品してしまうと、相乗りしてきたオオカミの商品が「違う商品」であることを証明しようがありません。相乗りされるのは当然ともいえるのです。

中ぶたちゃんに学ぶ、商標権なしのブランド名の危うさ

では、中ぶたちゃんのようにブランド名をつけて売ったらどうなるでしょうか。商品にブランド名が表記された布タグを縫い付け、さらに商品パッケージにブランド名を表記することでAmazonがブ

ランド名の使用を認めてくれます。この方法は、俗に「簡易OEM」と呼ばれています。

簡易OEMを行うことで、他の類似品やノーブランド商品とは別の商品としてAmazonにみなされるようになります。そのため仮にすでに同じ商品がノーブランドや他のブランド名で売られていたとしても、新たに自分だけの商品ページを作ることができます。「これと同じ商品でなければ、この商品ページでは売ってはダメ」と相乗りしようとしてくる相乗りセラーにアピールすることができます。

しかし**オオカミのように、気にせずに相乗り出品をしてこられたらやっかいです。**「Amazonのルールに違反している」と通報しても、法律違反をしているわけではないのでAmazonも**規制などの動きがしにくいであろうことが想像されます。**

お客様は、同じ商品ページで販売している商品は同じ商品だと思い込んで購入します。そのためオオカミのように粗悪品を相乗り出品されてしまうと、購入者からのクレームや低評価の商品レビューが商品ページに投稿されてしまいます。オオカミの商品が粗悪品ではなかったとしても、「ブランド名が商品に付いていなかった」とクレームや低評価の商品レビューを投稿するお客様もいます。

結果的に商品ページの評価が下がり、お客様が寄り付かなくなってしまいます。

ミニぶたちゃんに学ぶ、商標権の重要さ

オオカミのような悪徳セラーによる相乗り出品を防ぐには、ミニぶたちゃんのように商標権を取得するしかありません。

商標権とは、ある特定の名前をビジネスに使う権利のことです。特許庁による商標の説明を以下に示します。

商標とは

事業者が、自己(自社)の取り扱う商品・サービスを他人(他社)のものと区別するために使用するマーク(識別標識)

つまり商標とは、「あなた」が「あなたの取り扱うアパレル商品」を「他人のアパレル商品」と区別するための「ブランド名やブランドロゴ」のことです。

特許庁による説明に「商品・サービス」と書かれていますので、商品ごとに商品名をつけて、その商品名で商標権を取らなければいけないと考えるひともいますが、必ずしもそうではありません。

ブランド名をつけて、商標登録をすべし！

中国輸入ビジネスの場合、商品ごとに名前をつけることはありません。商品ごとに名前をつけないわけですから、商品名で商標権を取得することもありません。その代わり、複数の商品に共通する「ブランド名」をつけて、このブランド名で商標権を取得するのです。これは中国輸入ビジネスに限らず、アパレル業界では一般的な方法です。

ブランド名やブランドロゴを商標登録することで、あなたがそれを複数の商品につける権利を独占することを国が認めてくれるようになります。

✓商標権を無視した相乗り出品は法律違反

もし商標登録したブランド名で出品した商品ページに誰かが相乗り出品してきたら、それは法律違反です。商標法第78条に**「商標権を侵害したものは、10年以下の懲役または1000万円以下の罰金に処する」**とあり、Amazonも野放しにはしません。

万が一ミニぶたちゃんが相乗りされてしまった場合は、Amazonに通報すればすぐにAmazonが相乗りセラーを強制的に排除してくれます。ことの重大さに気づかず、オオカミはミニぶたちゃんのブランド名を勝手に使って新たな商品ページを作るという法律違反を重ねました。オオカミはAmazonから永久追放されましたが、当然の報いなのです。

2 自分ブランドの立ち上げ方

自分ブランド立ち上げの4つのステップ

自分でブランド名をつけて、ロゴも作り、商標登録を行う――これが自分ブランドの立ち上げとなります。自分ブランドの立ち上げは、具体的には、以下の４つのステップで行います。

自分ブランドの立ち上げ方

ステップ1	ステップ2	ステップ3	ステップ4
ブランド名を考える	弁理士チェック	商標登録出願	ロゴデザイン

ステップ１は、ブランド名を考えます。次ページのブランド名の３つの条件を満たしたブランド名を考え、すでにAmazonで使われていないか、そして商標登録されていないかを自分でチェックします。

ステップ２は、弁理士に商標登録できるかチェックしてもらいます。専門家の視点から事前に見ておいてもらうと安心です。

ステップ３は、特許庁への商標登録の出願です。弁理士に商標登録を出願してもらうことで、時間と労力を削減できます。

ステップ４は、ロゴデザインです。外注することで、低予算でブランド名のロゴデザインを依頼することが可能です。

3

ブランド名を考えよう!

売れる!　ブランド名の3つの条件

まずはブランド名のネーミングです。「かわいい名前をつけたい」「かっこいい名前にしたい」というような、「こういう名前にしたい」という漠然としたイメージが湧いてワクワクすることでしょう。

そのワクワク感はビジネスを行う上でのモチベーションになるので、ぜひ大切にしてください。ただし、ブランド名をつける一番の目的はAmazon上で商品を売れやすくすることです。そのために必要なことは、以下の「ブランド名の３つの条件」を満たすことです。

1.短い
2.アルファベット
3.オリジナル

具体的にどんなことなのか次項より詳しくお伝えしましょう。

✓ブランド名の第１条件 ： 短い

ブランド名のネーミングにおいて、何よりも大切なのが文字数です。なぜならばAmazonの商品ページでは、ブランド名は商品タイトルの欄の冒頭に必ず記載するルールがあるからです。商品タイトルはカテゴリーごとに異なった文字数制限があります。つまり、ブランド名の文字数が少ないほうが商品タイトルに多くの商品情報を掲載でき、結果としてお客様に興味を持ってもらいやすくなります。

商標登録できるのは、3文字以上

ブランド名はできるだけ短くすることが最優先です。ただ、短すぎると商標登録できないことがあります。商標法では、**「極めて簡単で、かつ、ありふれた標章」は、商標登録できない**と定められています。そのため、アルファベット1文字や2文字からなる商標は、基本的には認められません。ただ携帯電話会社の「au」などのアルファベット2文字で商標登録が認められたケースもあります。しかしこれはすでにブランド名として世間に広く認知されているなど、あくまで例外的な理由によるものです。

商標登録が認められるのは、基本的に3文字以上です。ただし文字数が少ないほど、ネーミングがシンプルになるので、商標登録済みの可能性は高くなります。3文字がベストですが、6文字までに収めることがおすすめです。

✓ブランド名の第2条件 ： アルファベット

ブランド名は、アルファベットが基本です。「é」などの特殊な英字や記号は文字化けする可能性がありますので、使わないほうが無難です。記号の中には、「&(アンド)」「.(ドット)」はブランド名として一般的によく使われていますが、こちらもおすすめしません。

Amazonでは、商品名に記号を使わないというルールがあります。ブランド名は商品名の一部として入力しますので、記号は使わないほうが余計なトラブルが発生するリスクを回避できます。

数字も基本的にはNGです。商標法の「極めて簡単で、かつ、ありふれた標章」に該当するため、商標登録ができないためです。

12345といった数字のみのブランド名はもちろん、数字と英字を組み合わせた123ABという場合もNGです。数字と英字の組み合わせは、管理用の番号などでよく使われるため、商標登録は難しいとされています。

ブランド名の第３条件 ： オリジナル

立ち上げたブランド名を法的に保護するには、商標登録をして商標権を得る必要があります。しかし、すでに商標登録されている名前は使えません。商標登録がされていなくても、すでに辞書にあるような一般的な言葉も基本的には認められません。これまで使われていないような、オリジナリティあふれる名前を考えましょう。

時間をかけずにブランド名を決める

ブランド名を考えることは大切なことです。ただし、ここに時間をかけすぎてはいけません。前項で説明したブランド名の３条件を満たしていれば、よほどおかしなブランド名でない限り大丈夫です。「いつまで経っても思いつかない……」とブランド名を何日間も考え続けるのはやめましょう。タイムイズマネー、時は金なりです。

効率のよいブランド名の作り方、また、ロゴデザインの発注方法を詳しく説明したPDFを読者の方に特別にプレゼントいたします。右のQRコードから受け取って活用してください。

4 ブランド名を決めたら弁理士にチェックしてもらおう

弁理士に商標登録ができるかチェックしてもらおう

弁理士に商標登録出願の依頼をする前に、商標権の専門家である弁理士の立場から、商標登録できる可能性が高いかどうかのダブルチェックをしてもらいましょう。

自分でチェックして登録できそうなブランド名であっても、専門家にチェックしてもらうことで、登録される確実性が増します。

商標権は区分ごとに登録を出願する

商標権は、用途に応じて区分が分かれており、区分ごとに登録を出願する必要があります。アパレル商品のブランド名としては、以下の区分が考えられます。

商標の区分（アパレル関連）

商品	区分
眼鏡、サングラス	9類
アクセサリー、時計など	14類
かばん、財布など	18類
洋服、帽子、靴など	25類
衣服用ブローチ、頭飾品など	26類

弁理士にチェックを依頼する際には、どんな商品を取り扱うのかを伝えましょう。どの区分でチェックするべきかを専門家の見地から判断してくれます。

弁理士には文字商標のチェックを依頼する

商標は、文字商標とロゴ商標の２つに分かれます。

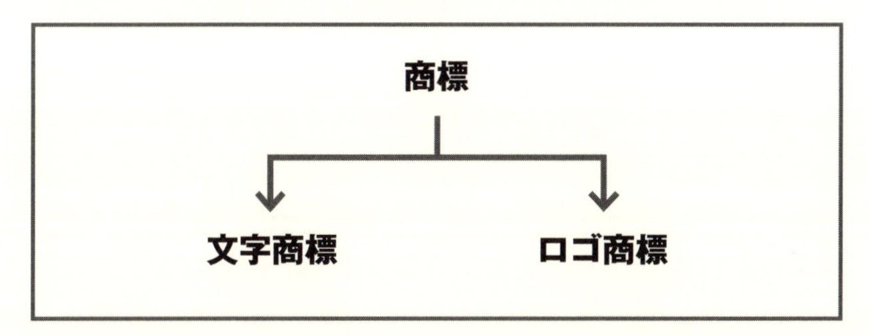

文字商標とは、文字のみからなる商標です。ロゴ商標は、デザインされたロゴからなる商標です。ロゴ商標で商標権を取得すると、他人が同じ名前のブランド名で商標権を取得できる可能性が残ってしまいます。まったく同じブランド名であっても、デザインが異なれば異なる商標だとされて、認められてしまう可能性があるためです。

弁理士には、文字商標としてチェックしてもらうようにお願いしましょう。

登録出願も弁理士に依頼しよう

弁理士チェックが無事に終わったら、商標登録出願へと進みましょう。手続きも引き続き弁理士に依頼するのがおすすめです。

自分でやろうとする人もいますが、労力がかかって効率も悪い上に、お金を無駄にする危険もあります。効率の上でも、費用対効果の上でも弁理士に依頼するのがベストです。餅は餅屋に任せましょう。

文字商標の出願は、「標準文字商標」で行う

文字商標は、文字の書体を指定して登録する方法と、書体を指定しないで登録する方法の二つがあります。書体を指定しないで登録する方法を「標準文字商標」といいます。

「標準文字商標」で商標権を取得すると、どんな書体でブランド名を表記しても商標権が守られることになります。権利を広く守るために、標準文字商標での出願を依頼しましょう。

報酬以外に、出願料と登録料がかかる

商標登録には、弁理士への報酬のほかに、特許庁へ支払う「出願料」と「登録料」があります。次ページにそれぞれの料金について

まとめます。

商標の出願料と登録料

	出願料	登録料（5年）	登録料（10年）
１区分	12,000円	17,200円	32,900円
２区分以降	＋8,600円	＋17,200円	＋32,900円

出願料は、出願時に支払います。出願時に支払う出願料は、区分（P.50商標の区分参照）がひとつであれば12,000円です。この金額は、区分の数がひとつ増えるごとに＋8,600円かかります。

登録料を支払うのは、特許庁による商標の審査が終わってからです。基本は10年ですが、５年ずつ分けて支払うことも可能です。総額では高くなりますが、初めに負担する金額が低くなりますので５年ずつに分けて支払うほうがおすすめです。

6 JANコードを申請しよう

JANコードとは？

コンビニで商品を購入する際に、商品のパッケージに印刷されているバーコードをレジの機械でピッと読み取りますね。あの商品を識別するバーコードのことを「JANコード」といいます。

Amazonで商品登録する際には「JANコード」の入力が求められます。Amazonでビジネスを展開していく上で欠かせないものですから、ここで説明しておきましょう。

JANコードは「Japanese Article Number」の略で、基本的に13桁の数字から構成される世界共通の商品識別番号です。日本国内では「JANコード」と呼ばれますが、ヨーロッパなどではEANコード(European Article Numberの略)と呼ばれています。Amazonでは**JANコードのことをEANコード**と呼ぶことがあるので、覚えておきましょう。

JANコードの13桁にはきちんと意味があり、それによって「どの国の、どの事業者の、どの商品か」を識別することができるのです。

JANコードは3つの要素で構成されている

JANコード表示には、次ページのように13桁の数字が使われます。

ひとつの連続した数字に見えますが、内容は大きく分けて三つの要素で構成されています。

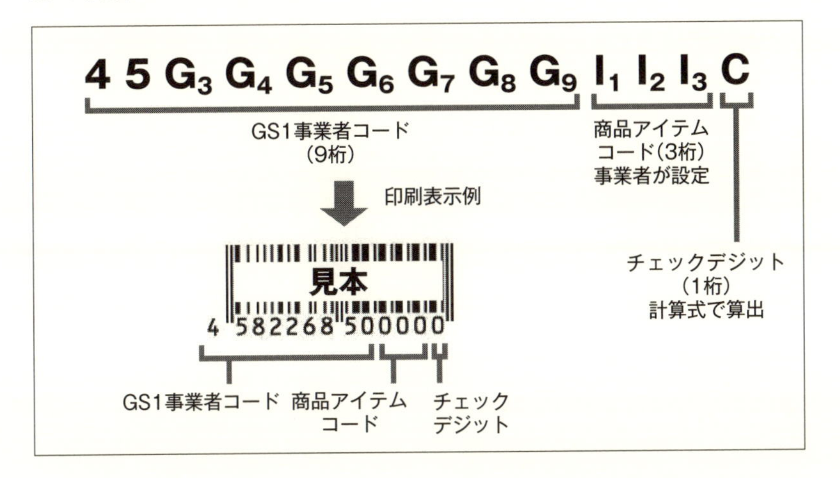

最初の２桁は「国コード」です。日本の企業が発売元の商品の場合は、最初の2桁が「45」または「49」から始まります。

そして、2桁の国コードと次の７桁を合わせた合計9桁のことを「GS1事業者コード」といいます。GS1事業者コードは、事業者間で重複のないように一般財団法人流通システム開発センター（GS1 JAPAN）によって管理されています。ですから、GS1事業者コードは他社と重複しない唯一無二のコードになります。

そして、GS1事業者コードに続く３桁の数字が「商品アイテムコード」です。001から999まで商品ひとつずつに付与します。バリエーションが複数ある商品の場合は、バリエーションごとにJANコードが必要になります。

最後の１桁は「チェックデジット」と呼ばれる数字です。JANコードの読み間違いをチェックするためにつけられています。

このように、GS1事業者コード（9桁）＋商品アイテムコード（3桁）＋チェックデジット（1桁）の合計13桁でJANコードは構成されています。

GS1事業者コードは事前の登録申請が必要

「GS1事業者コード」は、一般財団法人流通システム開発センター（GS1 JAPAN）が管理・提供をしています。

Amazonで商品登録するためには、事前に同センターへGS1事業者コードの取得の申請をする必要があります。

申請手続きはパソコンのみで行うことができます。スマートフォン、タブレットからは申請できないので気をつけましょう。

一般財団法人流通システム開発センター
https://www.gs1jp.org

GS1事業者コードを申請する際には、初期申請料と登録管理料が必要になります。費用は事業者全体の年間売上高と有効期限によって変わります。GS1事業者コードの使用期限は、1年間または３年間です。使用期限後も更新手続きをすれば継続して利用できますが、３年間で申請したほうが、登録申請料も割安になります。

取り扱い商品数は1,000以上で登録する

ひとつのGS1事業者コードでは、999商品まで登録することができます。ひとつの商品でもバリエーションが複数ある場合は、各バリエーションでJANコードが必要になります。

GS1事業者コードの申請時に、取扱商品数を入力する欄があります。その欄には1,000以上の数値を入れておきましょう。

流通システム開発センターに登録申請を行い、申請料と登録管理料を納めると、２週間ほどで9桁の「GS1事業者コード」の記載された書類が郵送で届きます。

Chapter 3

ビジネス成功のカギは、リサーチ力

1 どれだけ売れるか、儲かるか!

初心者でも商品リサーチで未来が読める

中国輸入ビジネスがなぜ他のビジネスに比べて利益を出しやすいのか。その答えは「未来が読めるから」です。本章で紹介する商品リサーチによって、仕入れを検討している商品が売れそうかどうか、そしてどれくらいの利益が出るのかがわかります。

この商品リサーチは、中国輸入ビジネスに限らず、あらゆる業種において行われています。上場企業などは、高い費用をかけて行うことで、爆発的に売れるヒット商品を開発し、また作りすぎて在庫を抱えないように需要予測も行っています。

中国輸入ビジネスはこの商品リサーチがしやすいという特徴があります。そのため低いコストで細かい需要予測までを立てることができます。初心者もこの商品リサーチを行うことで売れる商品のデータを手に入れることができ、また在庫を抱えすぎるリスクを限りなくゼロに近づけることができます。

本章で商品リサーチの基本をマスターし、あなたの行う中国輸入ビジネスを「ローリスク」かつ「ハイリターン」の夢のようなビジネスにしていきましょう。

商品の4つのリサーチ

商品リサーチで調べることは、「もしこの商品を仕入れたら儲かるのか？」です。そのために以下の４つのリサーチを行います。

商品の4つのリサーチ

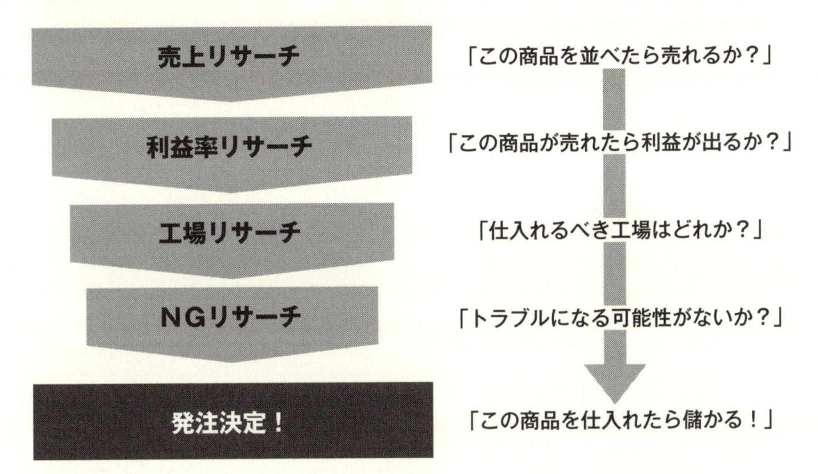

「売上リサーチ」は、自分が仕入れたいと思う商品のAmazonのランキングデータ、商品ページ、他のセラー（販売者）、の３つを分析し、自分が取り扱っても売れる可能性が高いかを調べます。

「利益率リサーチ」は、仕入れ値、輸入費用、販売原価から利益率を計算し、利益がどの程度出るかを調べます。

「工場リサーチ」は、アリババで見つけた工場を比較検討し、どの工場から仕入れるかを決めます。

「ＮＧリサーチ」は、各リサーチでわかった情報を元にトラブルの可能性がある商品を除外します。最後に規制や法律を調べ、問題なければ発注へと進みます。

次項よりそれぞれのリサーチについて詳しく紹介します。抑えるべきポイントがわかったら、実際にリサーチを始めてみましょう。

2 リサーチツールを使いこなして売れ行きを予測しよう

Amazonのランキングリサーチは、リサーチツールを用いて行う

ランキングリサーチは、Amazonのランキングのデータを用いて分析します。なぜランキングをチェックするのかというと、商品が売れると売上が上がり、それに伴ってランキングも上がるからです。つまり、調べたい商品の日々のランキング変動を見ていけば、その商品の売れゆきを推測できるのです。

Amazonのランキングデータを分析するシンプルな方法は、Amazonの商品ページを毎日チェックしていく方法です。商品ページに表示された在庫数が前日より減っていれば、その商品は売れたと考えられます。それを毎日見ていけば、その商品が売れている商品かどうかもわかってくるわけです。

しかし、分析する商品が二、三個なら地道に調べていくことができますが、毎日に何十個という商品を調べようとすると、膨大な時間がかかります。たとえ一個一分で終わる作業でも、60個あれば60分、600個あれば10時間かかってしまうのです。

商品ページに表示された在庫数を毎日チェックする

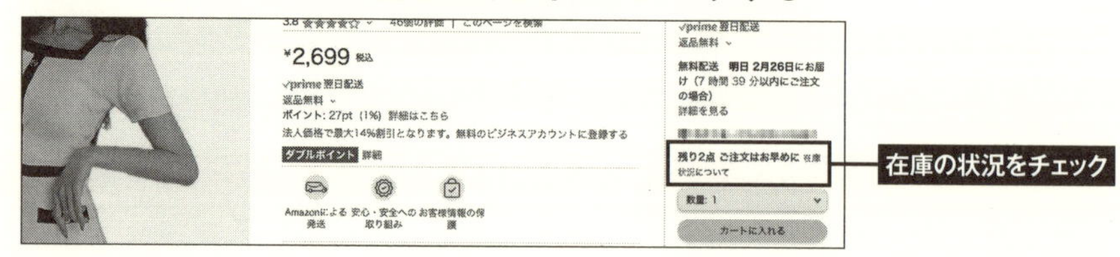

そこで、自分の限られた時間を有効に活用できるよう、リサーチツールを導入することをおすすめしています。リサーチツールを使えば、毎日一個ずつ在庫を追いかけていかなくても、Amazonの売れ筋ランキングの変動をチェックしていくことができます。

一年分のランキングデータを調査できるツールを使おう

アパレル商品の場合は、月ごとのランキング変化を調べることが大切です。そのため選ぶべきリサーチツールは、一年分のランキングデータを調べることができないと、季節ごとに売れ行きが大きく変わるアパレル商品の需要を予測できません。一番売れる時期には、商品をたくさん仕入れ、売れない時期には商品を仕入れないようにするためです。

これらの仕入れ数の調整をするために、過去一年の売上データを調べることができるリサーチツールを選びましょう。

知りたいランキングデータがすぐにわかるリサーチツール「Keepa」

現在、Amazonのランキングデータをリサーチすることができるツールは沢山ありますが、その中でも手軽に使えるツールである「Keepa - Amazon Price Tracker」(※以降、Keepa)を紹介します。

Keepaとはブラウザ拡張機能で、お使いのパソコンのブラウザにインストールすると、Amazonで販売されている商品の過去のランキング変動などが簡単に把握できるリサーチツールです。iPhoneやAndroidでも利用できますが、リサーチの際は効率的に進められるパソコンでの作業をオススメしています。

リサーチツール「Keepa - Amazon Price Tracker」

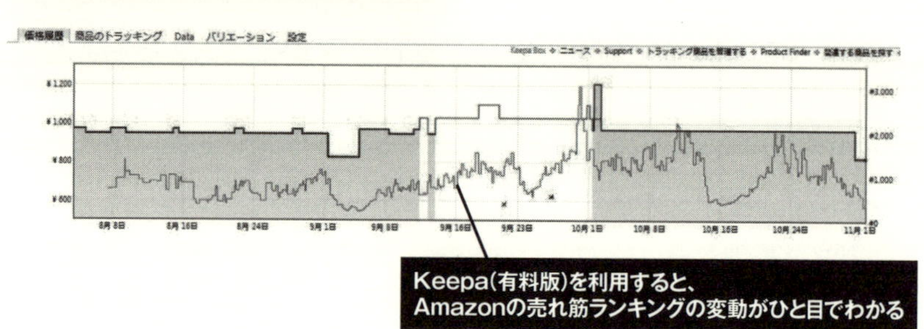

Keepaと一緒に「Keezon」を使おう

Keepaを利用すると、Amazonの売れ筋ランキングがわかるようになるのですが、具体的な商品の販売個数までは表示されません。そこでKeepaと併せて利用をおすすめしたいのが、「Keezon（キーゾン)」というリサーチツールです。Keezonは、Keepaの売れ筋ランキングのグラフをもとに、リサーチする商品の月間販売個数を追加で表示することができる拡張機能です。とても役立つツールですから、ぜひ活用してください。

「Keepa」と「Keezon」の登録方法を詳しく説明したPDFを特別に読者にプレゼントいたします。右のQRコードから受け取って活用してください。

売上リサーチとは

売上リサーチ4つのステップ

売上リサーチは、次の4つのステップで進めます。

詳しくは次ページ以降で解説しますが、まずはおおまかな手順を4つのステップでざっとみていきましょう。

売上リサーチ

ステップ	調べるデータ	NG判定基準
❶ セラーを見つける	・Amazonランキング ・セラーの国	・中国セラーでないか
❷ リサーチする商品のデータ収集・分析	・在庫数の変化 ・ランキング順位の変化 ・販売個数 ・販売価格	・売上数月20個未満 ・販売価格2000円未満
❸ Amazonレビュー調査	・レビュー数 ・平均星数 ・レビュー内容	・著作権、商標違反商品 ・レビュー数50個以上 ・レビュー星３．５未満 ・同一クレーム3個以上
❹ ライバルセラー調査	・ライバルセラー数	

売上リサーチ

NGリサーチ

これら4つのステップごとにデータを調べ、そしてＮＧ判定を行い、商品を選別していきます。

4つのステップを通じて絞り込まれた「売れる見込みのある商品」は、次の利益率リサーチ（P.88）へと進みます。

ステップ①　セラーを見つける

最初のステップは、参考にしたいセラーを見つけることです。Amazonのセラーはそれぞれが複数の商品を取り扱っています。セラー単位で商品をリサーチしていくと、「このセラーは、女性用のパーティードレスばかり扱っているな」「水着やカジュアルな商品が多いな」という具合に、セラーごとの特徴がわかってきます。

自分が取り扱いたいカテゴリーの商品を多く扱っているセラーを見つければ、あとはそのセラーの取扱商品を順番にチェックしていくだけで、効率的に売上リサーチを進めていくことができます。

ステップ②-1　売上データを集める

リサーチするセラーを決めたら、そのセラーの取扱商品をひとつずつチェックしていきます。Amazon商品ページの「ストアフロント」で、そのセラーの全ての取扱商品を一覧することができます。取扱商品の一覧は、Amazonによる商品ページの総合評価の高い順に表示されています。そのため、一覧の上から順番に確認していけば、簡単に直近での販売実績の高い商品を見つけることができます。それぞれの商品のランキングや在庫数の変動、販売個数、販売価格などをチェックしていきましょう。

ステップ②-2　ランキングデータ分析

セラーの「取扱商品一覧」の商品にカーソルを合わせると各商品のランキングデータが画面右下に表示されますので、確認しましょう。

ステップ③-1　Amazon商品レビュー調査

取り扱うべき商品かどうかを判断するため、Amazon商品ページで商品レビューを調査します。ネット販売ではお客様は店員を呼んで質問したりサンプル品を手に取ることができません。

そのためネット販売でお客様が最もチェックするのが、商品レビューです。実際の購入者が、買ってみてどうだったかという生の声を見ることで、商品を買うかどうかを決断する人が多いのです。

お客様満足度の高い商品かどうか、しっかりと確認した上で商品を選びましょう。

ステップ③-2　Amazon商品レビューの「件数」

Amazon商品ページに掲載されている商品レビューの数も、取扱商品を選ぶ際の判断材料になります。良いレビューの多い商品は、それだけお客様の満足度も高いといえます。ただし、何百というレビューを集めている超人気商品は、すでにライバルセラーがお客様の信頼を得ています。あなたが狙うべきは、まだ商品レビューの数は少ないけれど、売れ出しているという商品です。

ステップ③-3　Amazon商品レビューの「5段階平均点」

Amazonには５段階で商品を評価する機能があります。商品ページを下にスクロールしていくと、それぞれの評価の数も見ることができます。まずはこの５段階の平均点をチェックすることで、おおよその満足度を知ることができます。

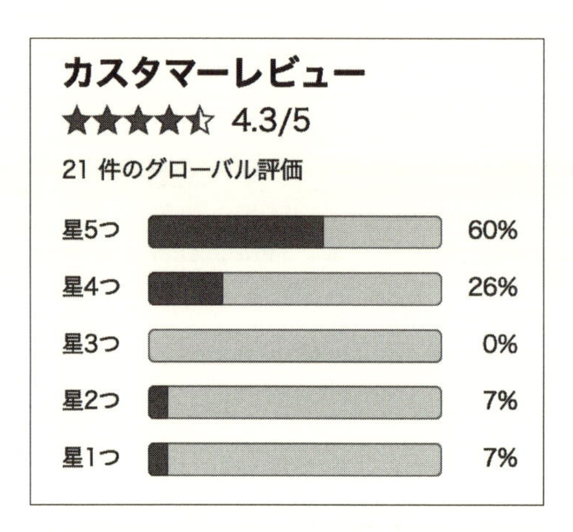

ちなみに、こちらの平均点は、Amazon側が独自の計算方法で導き出している数字です。単純な平均点とは多少のズレが生じる場合があります。

ステップ④　ライバルセラー調査

売れ筋ランキング上位の商品は、とても目立つので中国輸入ビジネスを行っているセラーから注目されやすいといえます。そのため、何人ものセラーが同じ商品を自分のブランド名で、それぞれ別の商品ページで販売していることがあります。

そこで、まったく同じ商品が他のセラーからも売られていないかをAmazon上でチェックするのがライバルセラー調査です。あまりにもライバルセラーが多い場合は、今後もライバルが増え続ける可能性が高いため取り扱うのをやめたほうがよいといえるでしょう。

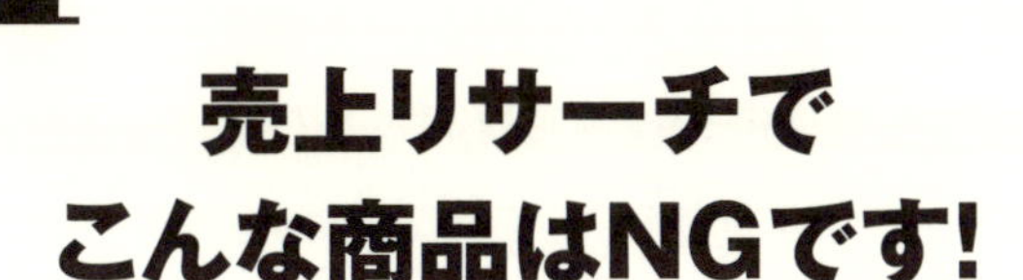

4 売上リサーチでこんな商品はNGです!

NG判定の基準をあらかじめ決めておく

売上リサーチを行うことによって、注目している商品の一カ月当たりの売上金額や販売個数がわかります。一カ月当たりの売上が分かった時点で、一定の基準を下回っている商品は、これ以上のリサーチはやめ、次の商品の売上リサーチへと進みます。

初心者におすすめのＮＧ判定基準は、次の9つです。

①中国人セラーはNG

②販売価格が2000円未満はＮＧ

③月の販売数が20点未満はＮＧ

④Amazonレビューが50件以上はＮＧ

⑤商品レビューが星3.5未満は NG

⑥ライバルセラーが4社以上はＮＧ

⑦同一内容のクレームが３件以上の商品はＮＧ

⑧コピー商品はNG

⑨キャラクターなどの著作権・商標違反商品はNG

次項より、ひとつずつ説明していきましょう。

①中国人セラーはNG

販売者情報の住所表記が中国だったり、電話番号の国番号が「86」

で表記されていたりする場合は、中国在住のセラーです。中国人セラーの多くは、いわゆるサクラレビューの大量投稿が散見されます。サクラレビューとは、販売促進を目的とした自作自演による商品レビューです。

その場合、売上データそのものが、サクラによる売上である可能性があります。つまり、売上リサーチが正確にできません。住所や電話番号をチェックし、中国表記であればそのセラーはリサーチ対象から除外しましょう。

②販売価格が2000円未満はNG

Amazonでの販売価格が安い商品は、同じ利益率でも利益金額は少なくなります。基本的に販売価格は下がっていくことはあっても、高くなっていくことは稀です。Amazonに支払う諸々の手数料が占める割合が高くなり、利益率を圧迫します。

また、販売価格が低いと、100円程度の少額の値下げでも利益率に大きな影響を与えます。販売価格が2000円未満の商品は、ＮＧと判定しましょう。

③月の販売数が20個未満はNG

実際に商品の販売をスタートしたときには、売上リサーチで調べた商品よりは売れ行きは少なくなります。あなたが参入することで販売者が二人になったとすると、売れ行きも単純計算で半分になります。

とくにはじめのうちは商品レビューがゼロからのスタートなので、半分も流れてくることはありません。

そのため販売数のＮＧ判定として、売上リサーチでは、最低でも月の販売数が20個はほしいのです。４分の１のお客様が流れてきたとして、月５個の販売ということになります。ここからがそのライバルセラーとの戦いです。ライバルセラーに勝つことで、売上リサーチと同程度の売上が将来的には手に入ることとなるでしょう。

④ Amazonレビューが50件以上はNG

商品リサーチでは、Amazonですでに販売されている商品データを元に取扱商品を選定します。ということは、Amazonで販売されている既存商品と自分の商品がライバル関係になるということです。

既存商品の商品レビューの数が多いほど、販売実績や信頼度が上がります。つまりライバルの商品が売れやすくなり、販売実績や信頼度がまだない新規の商品ページで売るのは初心者には難しいでしょう。

そこで初心者にはひとつの目安として、商品レビューが50件以上の商品ページはNGとすることをおすすめします。商品レビューが少ない商品ページほど自分の商品をお客様に選んでいただきやすくなります。商品レビューをお金で買える「Vineプログラム」のメンバーが投稿したレビューについてもカウントに含まれます。Vineプログラムについては、P.202で説明しています。

⑤商品レビューが星3.5未満はNG

商品レビューの星数が３．５未満の商品は、中国のアリババで製造している商品自体に根本的な欠陥がある可能性があります。

購入者はその商品が欲しくて買ったわけですから、４や５といった良い評価は付きやすいといえます。よほど悪いときにしか星数を１や２はつけません。レビュー評価が３の商品は、悪く評価している人のほうが多いと判断したほうがよいくらいです。

検品でチェックしきれなかった不良品を購入してしまったことによる「たまたまの悪い評価」ならば仕方ありません。しかし半数以上の人が悪い評価を投稿しているというのは、不良品がまぎれていたということではなく、商品自体に根本的な問題があると考えたほうがよいでしょう。

そのためＮＧ判定の基準としては、３よりも上の3.5を採用しています。星が3.5未満の商品は、自分が取り扱っても同じように低い星しかつかない可能性が高いといえますので、取り扱わないようにしましょう。

3.5未満でも、工夫次第で仕入れ対象になる場合もある

星が少ない商品でも、品質を改善すれば仕入れ対象にできる可能性はあります。

たとえば低評価となっている理由が「商品が予想していたよりも小さい」ということであれば、商品ページを工夫することで低い評価を防げます。アリババのＭサイズとして販売されている商品をAmazonでＳサイズとして販売することで、サイズ感は調整できます。ほかにも商品に対する汚れや縫製の品質についても、検品で防げる場合があります。

商品レビューの内容までしっかりとチェックして、良い評価が得られる商品のみを仕入れていきましょう。

⑥ライバルセラーが4社以上

ライバルセラーが多いほど、お客様は分散します。ライバルがすでに４社以上いる場合、売れているページと売れていないページに分かれている場合が多いです。売れていないページのセラーは、商

品を値下げしてでも売ろうとしますので、価格崩壊が始まります。

販売実績やお客様からの信頼度が高い商品ページは、販売価格を維持したままでもお客様は商品を購入してくれます。しかしこのタイミングであなたが新規参入しても、価格崩壊に巻き込まれ、販売実績や信頼度を高めていくことは非常に困難です。

ライバルセラーが増えすぎる前に参入し、販売実績やお客様からの評価を高めていきましょう。

⑦同一内容のクレームが3件以上の商品はNG

レビューを見ていると、「縫製が雑」「商品ページの画像とイメージが違う」「縫い目が飛んでいる、ほつれが多い」といったクレームを目にすることがあります。ひとつの商品で同じ内容のクレームが複数入っているものは、それだけ不良品が発生する割合が高いと考えられます。現状は問題なく売れていたとしても、そのうち売れなくなる可能性がありますし、何よりもセラーとしての評価を落とすことになりかねません。最初から扱わないほうが無難です。

⑧コピー商品はNG

「アパレル」商品を取り扱う場合、この問題はとくに注意が必要です。ルイ・ヴィトンやグッチのような世界的ハイブランドのコピー商品を販売すると罰せられることは誰でも知っていますが、たとえ知名度の低いブランドであっても、コピー商品の販売は違法です。

中国輸入ビジネスでは、自分では気づかぬうちにブランドのコピー商品を仕入れて販売してしまうようなケースも起こり得ます。

たとえ誤って販売したとしても、「そんなブランドがあると知らなかった」では済みません。こうした事態を回避するために、ブランド名と思われる記載のある商品は、事前に商標登録されているかどうかを調べることが大切です。調べる時には、特許情報プラットフォーム「J-PlatPat」（提供：独立行政法人工業所有権情報・研修館）というサイトを活用すると商標登録の有無がすぐに確認できて便利です。

J-PlatPat：https://www.j-platpat.inpit.go.jp

類似商標があまりに多すぎる場合は、Googleで検索することで公式ホームページから簡単にブランド名が見つかることがあります。商標登録されていない海外のブランドもあるかもしれませんので、Google検索でのチェックも併せて行っていきましょう。

⑨キャラクターなどの著作権・商標違反商品はNG

日本や海外の有名なアニメキャラクターが中国国内で無断コピーされ、商業利用されているという話はニュースやメディアでよく聞きます。

中国はコピー大国と呼ばれるほど、著作権や肖像権などを違反している商品が数多く出回っています。「アリババ」を見ていても、人気キャラクターの図柄のTシャツや小物などがたくさん出てきますが、違法な商品なので絶対に取り扱ってはいけません。

Amazonからアカウント停止処分となったり、逮捕されたりといった例が実際にありますので、安易に販売するのは絶対にやめましょう。

5 セラーを探そう

Amazonランキングでセラーを探す

リサーチ対象のセラーは、Amazonランキングから探します。Amazonランキングには、売れ筋ランキングのほか、新着ランキング、人気度ランキング、ほしいものランキング、人気ギフトランキングといった種類があり、各ランキングともカテゴリーごとに順位が100位の商品まで表示されます。

小カテゴリーの売れ筋ランキングで調べる

セラーを探すのに用いるのは、最小カテゴリーの売れ筋ランキングです。最小カテゴリーとは、一番細かい分類のカテゴリーのことです。

例えば、アパレル商品の多くが分類される「ファッション」カテゴリーには、以下の10種類の中カテゴリーがあります。

・メンズ
・レディース
・制服・ワークウェア
・キッズ&ベビー
・スペシャリティアパレル
・スポーツウェア

・バッグ・スーツケース
・喫煙具
・懐中時計
・ケア用品・工具・時計バンド

これら中カテゴリーのうち、例えばレディースはさらに5つのカテゴリーに分かれます。その5つのカテゴリーもさらに細かいカテゴリーに分類され、そこからさらに細かいカテゴリーに分類されていきます。これ以上細かく分類されていないカテゴリーのことを、最小カテゴリーといいます。

Amazonランキングでセラーを探す

①ランキングをクリック

Amazonトップページからランキングをクリックします。

②大カテゴリーを選ぶ

左に並ぶカテゴリーから、大カテゴリーを選びます。

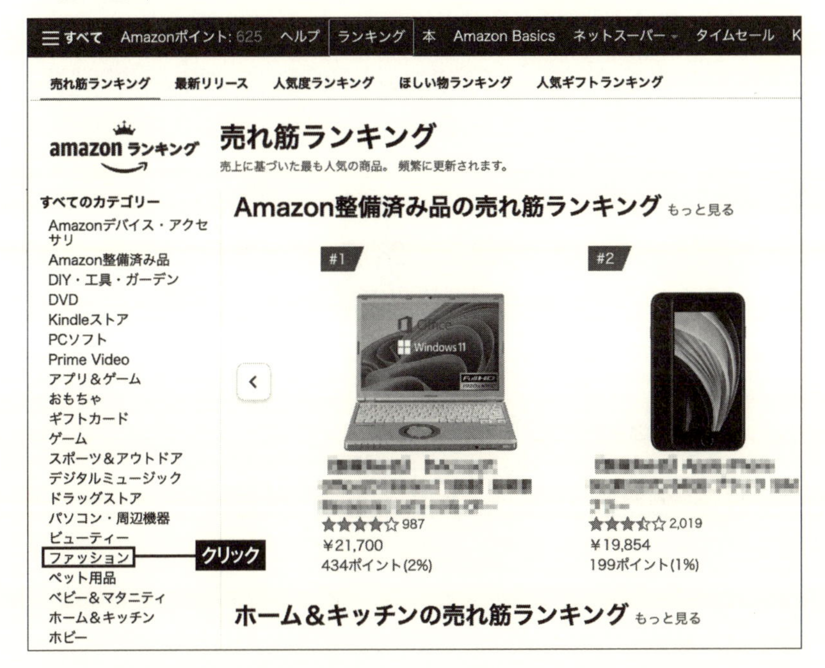

「ベビー＆マタニティ」「ホビー」「ファッション」「スポーツ＆アウトドア」からひとつ選びましょう。

③中カテゴリーを選ぶ

中カテゴリーを選んでいきます。

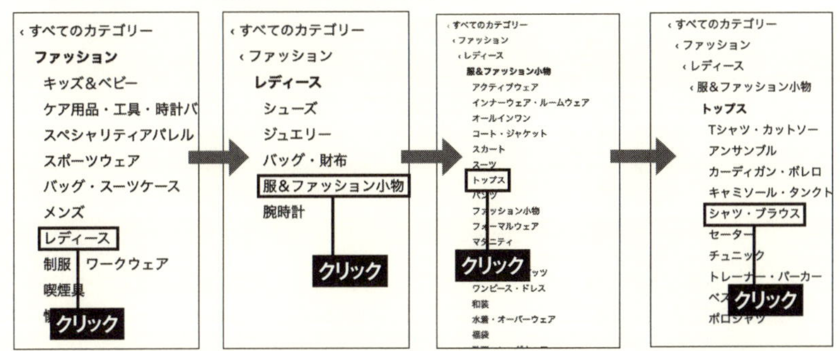

④レビューが50件以下、星3.5以上の商品をクリック

カテゴリーのランキングで、レビューが50件以下、星3.5以上の商品を選んでクリックします。

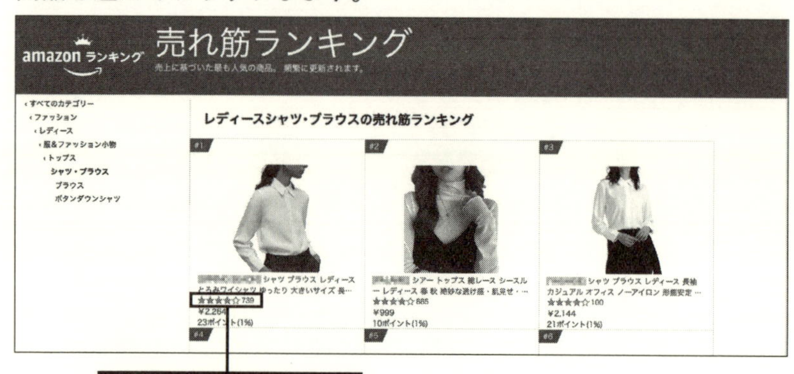

レビューと星を目安に商品を選ぶ

レビュー数が多い商品は、ライバルセラーの商品ページが強すぎるため仕入れても売れにくい傾向にあります。目安として、初心者はレビューが50件以下で、星レビュー平均点が3.5以上の顧客満足度が高い商品を上から順にチェックし、クリックすることをおすすめします。

⑤商品名をクリックして商品ページへ

ランキングの画像をクリックすると商品ページが表示されます。

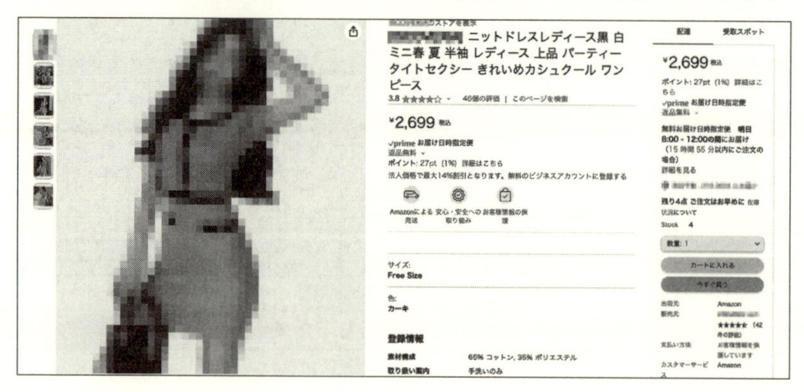

Amazonのレコメンド機能からセラーを見つけよう

ここまでランキングを元にセラーを探す方法について説明しました。しかしこの方法だと、初心者におすすめのＮＧ判定をクリアできる商品はなかなか見つからないことがあります。

ランキングの高い商品は、目立ちます。その分、仕入れようとするセラーが増えるため、競争が激しく初心者が参入するのは難しい商品がどうしても多くなってしまうのです。

またランキングをチェックするだけで商品の存在を知ることができるため、誰もが参入しやすく、価格崩壊も起きやすいといえます。

そこでおすすめなのが、Amazonのレコメンド機能を使って新しいセラーを見つける方法です。

ランク外の売れている商品を、芋づる式に見つけよう

ランキングを元に見つけたセラーの取り扱い商品を売上リサーチする際、まずはAmazonの商品ページをチェックします。

商品ページに表示されるAmazonのレコメンド商品

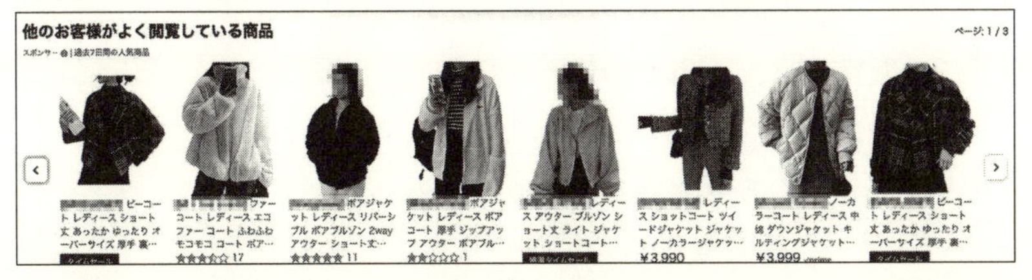

そのページの下の方にある「他のお客様がよく閲覧している商品」と表示された部分が、Amazonのレコメンド商品です。Amazonからおすすめされているということは、その商品を買っているひとが興味を持つのではとAmazonが判断している商品です。必ずしもAmazonランキングに入っている商品だけとは限りません。

この特徴を利用して、「そこそこ売れているけれどもランキング

に入っていない商品」を見つけるのです。そしてその商品を扱うセラーをリサーチ対象として、さらに取り扱い商品をチェックし、競争の少ない商品を芋づる式に見つけられるというわけです。

取り扱い商品がバラバラなライバルセラーは狙い目

セラー単位で商品リサーチを行っていると、「このセラーになら勝てそうだ」というセラーを見つけることがあります。たとえば、取扱商品がバラバラなセラーは狙い目です。なぜなら、販売者チェックをするお客様がそのセラーを不審がり、商品の購入をためらうからです。

お客様は、はじめのうちは商品レベルで検討します。商品画像やAmazonレビューを見て、商品を買おうかどうか考えます。

買おうという気持ちが高まると、次に行うのが、他の類似商品との比較です。この際、お客様は販売者の情報も詳しくチェックすることがあります。

このとき、販売者がアパレル商品以外の商品を取り扱っていたらお客様はどう思うでしょうか。たとえば、その販売者の取り扱い商品としてアパレル商品以外に電化製品や子ども用おもちゃが並んでいたら。

「この販売者は、1点ものばかり扱っているのかな」

「セール品とかを転売しているだけの業者なのかも」

「古くてしわくちゃな服が送られてきたら嫌だな」

このように、受ける印象は間違いなく悪くなります。他の商品も比較検討している中で、悪い印象を受けたら購入候補には選ばれないでしょう。つまりあなたがアパレル商品に特化していることで、商品比較で勝てる確率が高くなるということです。

自分が取り扱う商品のライバルセラーの商品ラインナップをチェックして、勝ちやすい商品から商品ページの作り込みやブラッシュアップを始めていきましょう。

6 セラーの取扱商品を見る

セラーを見つけたら深堀りしよう

めぼしいセラーが見つかったら、そのセラーの取扱商品を見てみましょう。セラーの取り扱い商品を見るには、商品ページの「販売元」の左横に表示されている販売者名をクリックします。

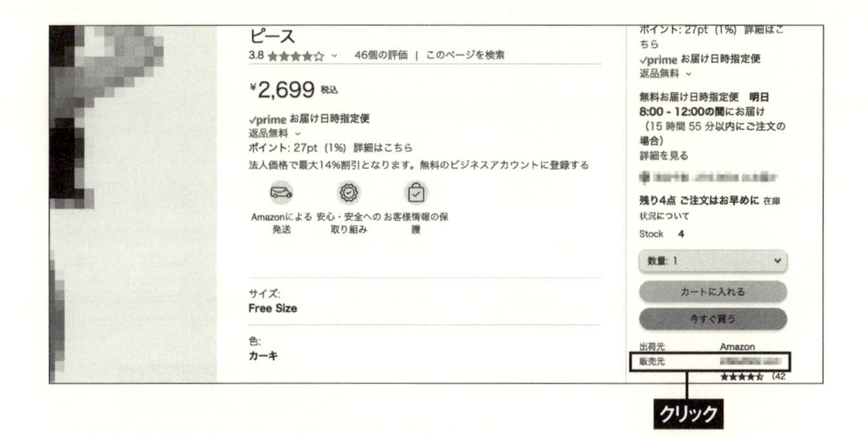

次に、画面左上に表示されている「ストアフロントにアクセスする」をクリックしましょう。

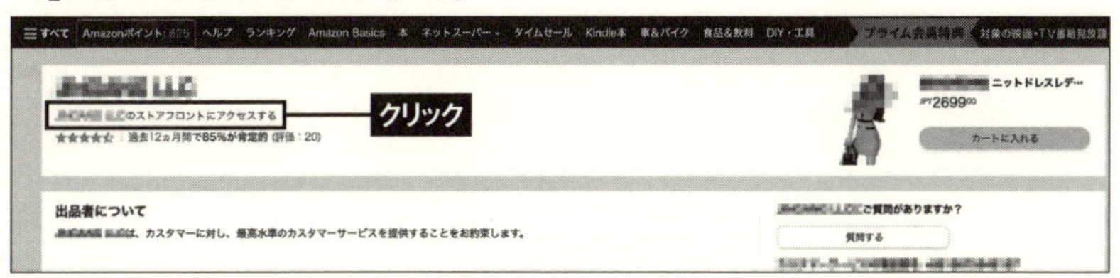

販売者が取り扱っている商品ページ一覧が表示されます。表示される順番は、Amazonからの総合評価が高いページが優先的に表示されますので、上から順番に全ての商品をチェックしていきましょう。

商品画像にカーソルを合わせることで、Keepaの小窓が画面右下に表示されるので、商品ランキングの変動グラフを確認しましょう。グラフの動きが細かい、上位ランキングを維持している、などの商品ページのみをクリックすることで仕入れ対象になりづらい商品に費やす無駄な時間を削減でき効率的にリサーチできます。

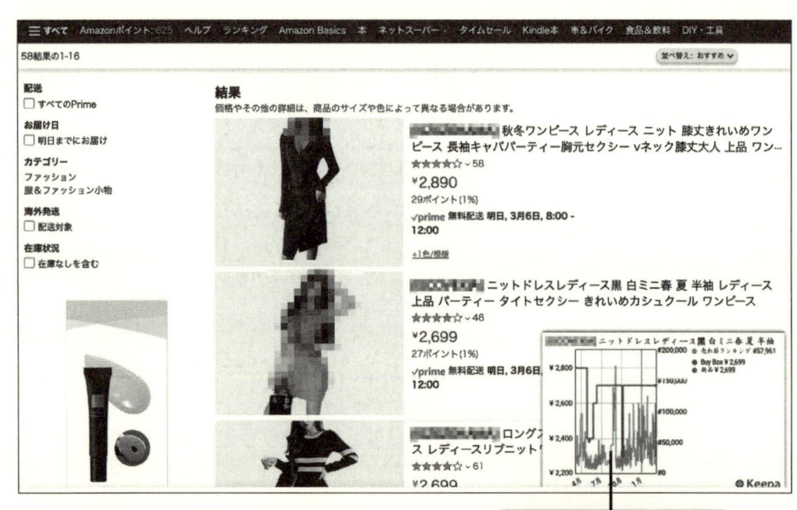

カーソルを合わせた商品のKeepaが表示される

7 3カ月先に売れている商品をリサーチしよう

3カ月先に売れる商品をリサーチ対象とする

初心者がAmazonで商品を販売開始するのは、商品リサーチで商品を見つけてから約2～3カ月後となります。そのため調べるべきランキング売上データは、余裕をもって3カ月先のデータです。

例えば、4月1日に売上リサーチを行っている場合、3カ月後は7月1日です。ランキングリサーチで調べるべきは去年の7月以降に売れた商品です。すなわち「夏服」ということになります。

「今が〇月だから、調べるべきは〇服！」という大まかな意識を持ったうえで売上リサーチを行っていきましょう。

アパレル商品の売上傾向をつかんでいこう

ランキングリサーチの目的は、仕入れる候補となる商品を見つけることです。しかし初心者のうちは、どのような商品が何月に売れるのかという感覚をつかんでいくことも大切です。

そこでランキングリサーチする際は、Keepaで過去一年分のデータが常に表示される設定にしておくことをおすすめします。

まず商品ページ内に表示されたKeepaのデータの「設定」をクリックします。

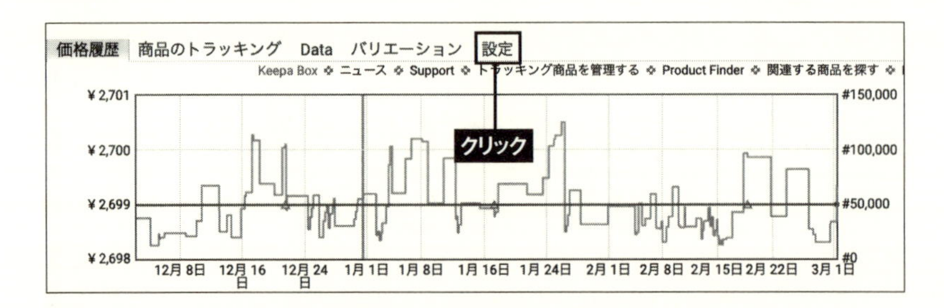

次に、「チャートの外観」の「期間」を1年間に設定します。

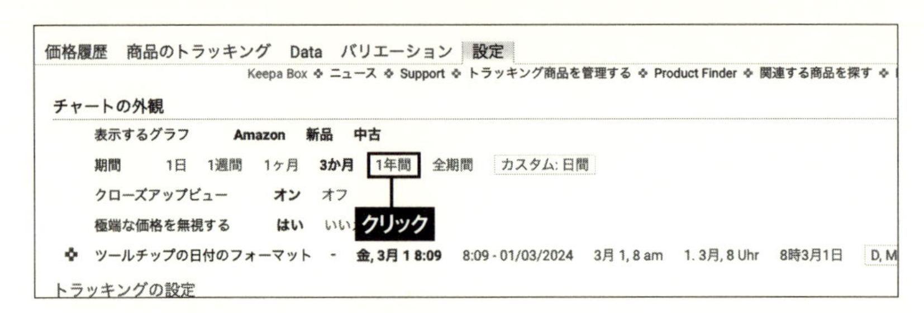

これで、常に1年間分の過去のランキングデータをデフォルト設定で表示されるようになりました。

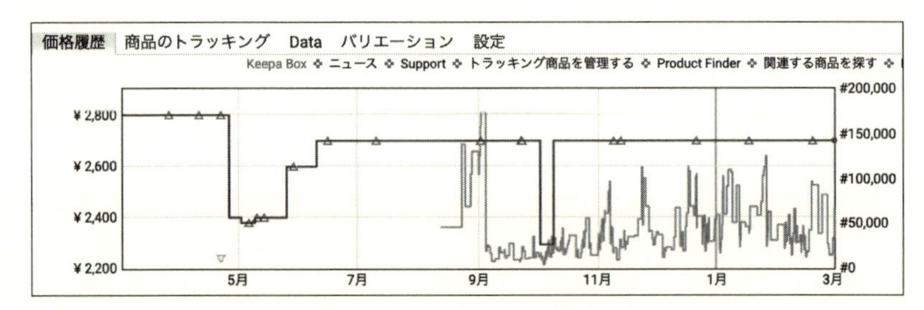

Keepaの表示内容の右下にある「期間」を選択してクリックすると、表示期間を変更することもできます。

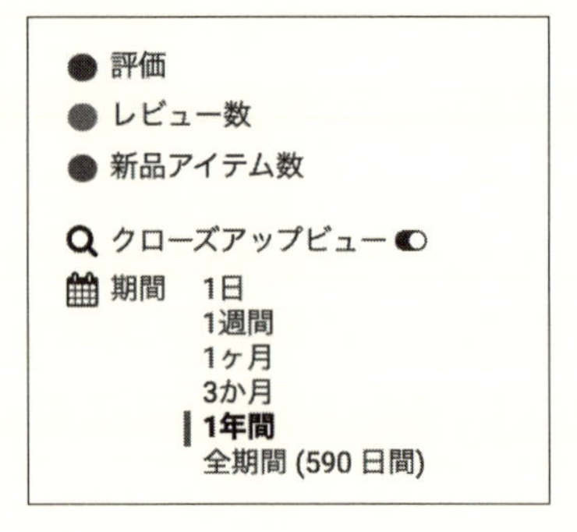

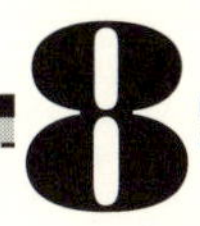

月間販売数を把握しよう

ランキングの推移から月間販売数の目安を知ろう

Amazonでは基本的に、商品が売れるとランキングが上がります。商品が売れない日が続くとランキングは下がります。ランキングの推移を追いかけることで、商品の売れ行きを推測することは可能です。

月に数回程度のランキングの上昇の場合、上昇回数をカウントすることで、販売個数を推測することはできます。しかし、ランキング上昇回数が多くなると、単純にカウントするだけで販売個数を推測するのは困難になります。

そこで注目すべきは、ランキングの「維持」です。一定のランキングを維持するには、それなりの販売数を維持する必要があります。

Amazonでは、2022年の秋に「服＆ファッション小物」、「シューズ＆バッグ」、「ジュエリー」、「時計」など複数の大カテゴリーが統合されて、「ファッション」という巨大カテゴリーが誕生しました。

それ以前は、被服が属する「服＆ファッション小物」カテゴリーにおいて、一定のランキング帯を一カ月間「維持し続けた場合」の、月間販売個数の予測は次の表のとおりでした。

ランキングの維持と販売数の目安

1,000位	1日10着程度	月300着程度
6,000位	1日5～6着程度	月150～165着程度
10,000位	1日3～4着程度	月90～100着程度
15,000位	1日1～2着程度	月30～45着程度
20,000位	1日0～1着程度	月20～25着程度
44,000位	月10着程度	
50,000位	月6～7着程度	

カテゴリー統合後から現在に至るまでの巨大な「ファッション」カテゴリーにおいては、同じランキング順位では、上記の販売数より２～３倍ほど売れてる印象です。

ちなみに、コスプレ衣装が属する「ホビー」カテゴリーの月間販売個数の予測は、大まかに「服＆ファッション小物」カテゴリーの半分程度の売れ行きだと想定しています。

私独自の目安なので、あくまで参考程度にお考えください。

9 Amazon商品レビュー調査

Amazon商品ページで商品レビューをチェック

初心者におすすめの仕入れ基準は、Amazon商品ページのレビュー数50件以下、レビュー評価星３．５以上です。

Amazonの商品ページで、レビューをチェックしましょう。

①レビュー数と平均点をチェック

レビュー数と平均点をチェックします。

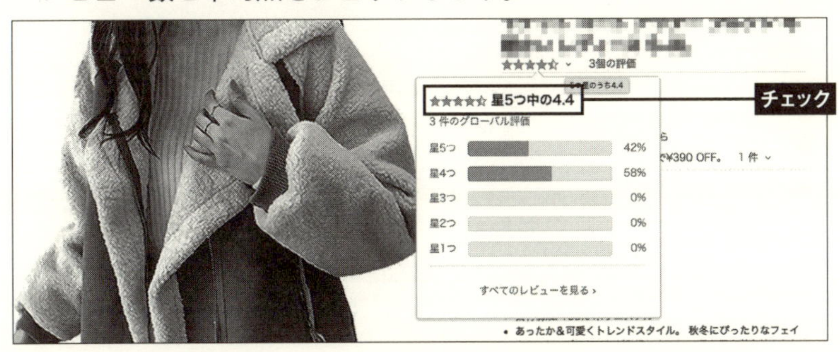

レビュー数は商品ページの商品名の下に表示されています。平均点は星のイラストの横に「星５つ中のX.X」という表示が出ています。レビュー数が50個以下、平均点が3.5以上であるか確認しましょう。

②カスタマーレビューを表示

カスタマーレビューを表示します。

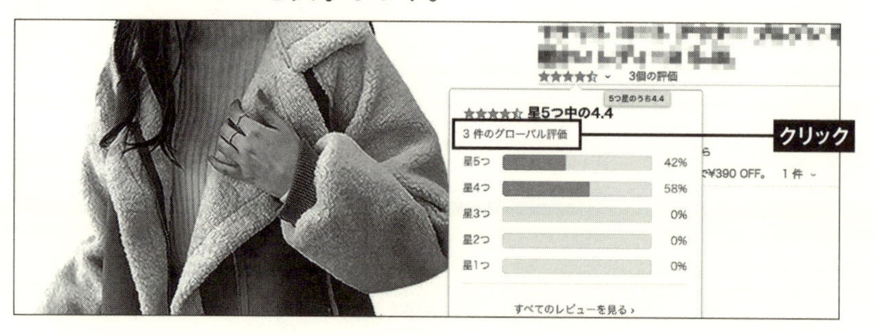

商品タイトルのすぐ下にある「〇件の評価」をクリックすると、カスタマーレビューの欄まで自動でスクロールされます。商品ページを下にスクロールして表示させることもできます。

③レビュー内容をチェック

レビュー内容をチェックします。

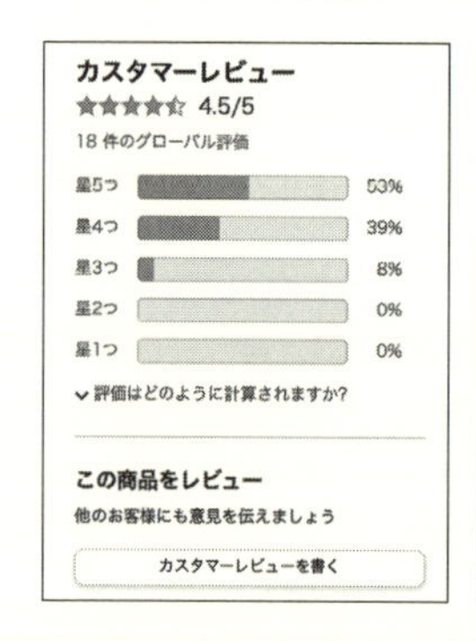

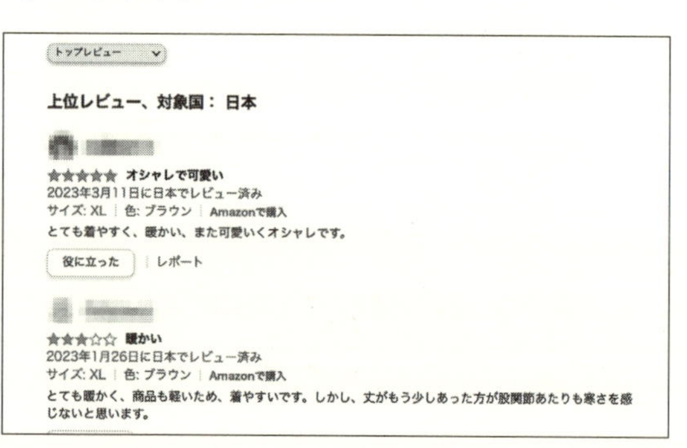

レビューを読むことで、その商品の評価がなぜ高いのか、あるいはなぜ低いのかを読み解きます。商品レビューはすべてチェックしましょう。特に星１から星３の悪いレビューはきちんとすべて目を通すことで、商品トラブルやお客様からのクレームの火種を事前に発見し、仕入れ判断の参考材料にしましょう。

10 ライバルセラー調査

同じ商品を扱っているセラーを調べる

同じ商品を扱っているセラーが何人もいたら、その分だけ購入者が分散し、売上は立ちにくくなります。そこで同じ商品を販売しているライバルが何人いるか、チェックしておきましょう。

チェックするのは、Amazonの商品ページを下にスクロールすると出てくる「この商品に関連する商品」です。

商品画像の一番右にある矢印をクリックして、商品をすべてチェックしましょう。上記商品の場合は、同じ商品を扱うライバルセラーは６社いました。先述したように（P.70）、ライバルセラーが４社以上いると、あとから参入して販売数を伸ばしていくのは、初心者には難しいといえます。目指すべきは、同じ商品をアリババから仕入れているセラーの中で一番売れる商品ページとなることです。ライバルセラーが多すぎる場合は仕入れを諦めて、次の商品リサーチへと移りましょう。

11 利益率リサーチ

利益率リサーチ3つのステップ

売上リサーチで仕入れ候補となる商品が見つかったら、利益率リサーチを通じて利益率が30%以上となるかをチェックします。

利益率リサーチは、以下の３つのステップで行います。

利益率リサーチ

（売上リサーチ → NGリサーチ）

ステップ	調べるデータ	NG判定基準
5 仕入れ値調査	・商品原価 ・元円為替レート	・ざっくり計算の利益率30%未満
6 国際輸送費用	・関税10% ・輸入代行業者手数料8% ・国際送料キロいくら 体積いくら	・粗利益率30%未満
7 FBA手数料計算	・FBA手数料 ・販売原価 ・利益率	利益率は仕入れ後も定期的に確認する

およその仕入れ値から「ざっくり利益率」を計算

アリババでの卸価格を調べ、まずはざっくりと輸入にかかる原価を計算します。中国元を日本円に換算する場合、換算レートを1元＝33円と高めに設定して計算することで、国際送料、輸入代行手数料、関税などを含んだコストの目安が算出できます。これは私の経験則ですのであくまで概算です。国際送料が値上がりしたり、為替レートが変動したりする場合は、1元33円を34円や35円に変更するなど、自分で微調整していくものだと理解して使ってください。

この簡易的な計算で原価を出したら、FBA手数料と利益率を自動計算してくれる「AmazonFBA料金シミュレーター」を使っておおまかな利益率を算出します。おおまかな利益率が30%を超えるようでしたら、国際送料や輸入代行手数料、関税などを具体的に計算し、より正確な利益率を算出します。

利益率を調べるには、アリババへの登録が必要

ざっくりと簡易的な利益率を調べるには、アリババでの仕入れ価格を調べる必要があります。アリババで仕入れ価格を調べるには、アリババでのアカウント登録が必要です。

アリババでのアカウント登録には、SMS（ショートメッセージサービス）が利用可能な携帯電話が必要です。携帯電話を手元に用意して、アリババのアカウント登録へと進みましょう。

アカウントの登録はGoogleで「１６８８」と検索し、アリババのトップページ（https://www.1688.com）にアクセスして行います。

アリババのアカウントの登録方法を詳しく説明したPDFを特別に読者にプレゼントいたします。右のQRコードから受け取って活用してください。

12 およその仕入れ値を調べる

アリババの画像検索で調べる

Amazonで仕入れ候補となる商品を見つけたら、アリババでおよその仕入れ単価を調べます。アリババで商品を検索する方法は画像検索とキーワード検索があります。まず簡単な「画像検索」を行い、うまく同一商品の販売ページが見つからなかった場合のみ、「キーワード検索」を使ってリサーチしましょう。

①-1 商品画像を拡大する

アリババで画像検索するための画像を、Amazonの商品ページで入手します。

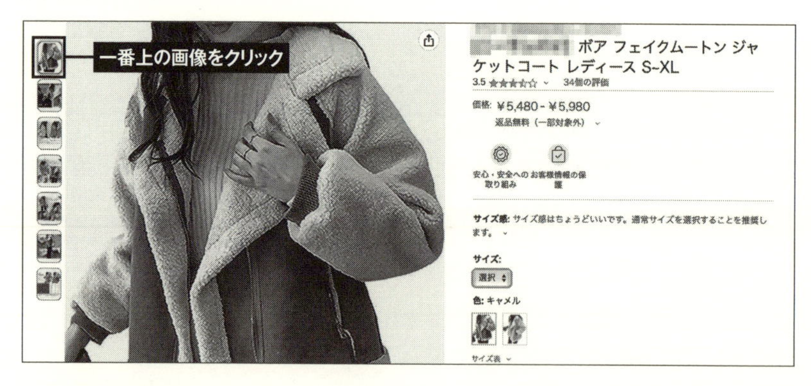

Amazonの商品ページが表示されたら、一番上の背景が白の画像をクリックします。すると、商品画像が大きく表示されます。

①-2　商品画像を保存する

拡大された商品画像の上で右クリックして、「画像を保存する」のメニューをクリックして保存します。

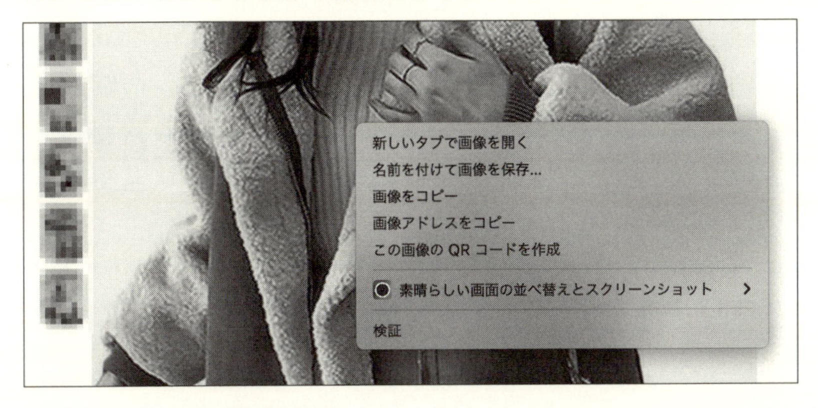

②-1　アリババにログイン

IDとパスワードを入力し、アリババにログインします。ログインしないと、画像検索をすることができない場合があります。

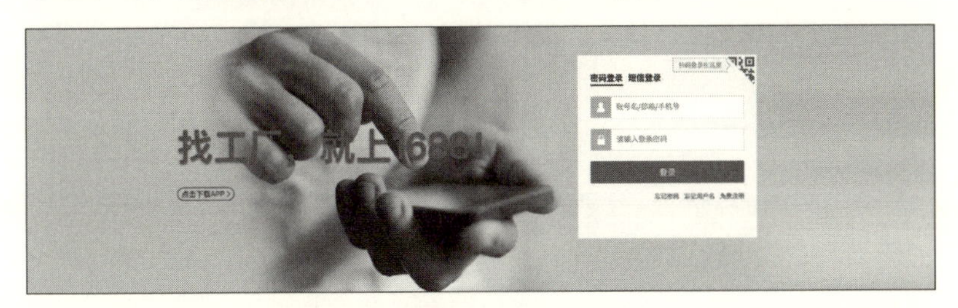

②-2　検索窓の右端にあるカメラマークを押す

カメラマークを押すと、画像の選択ウィンドウが開きます。先ほどダウンロードした商品画像を選び、決定ボタンを押します。

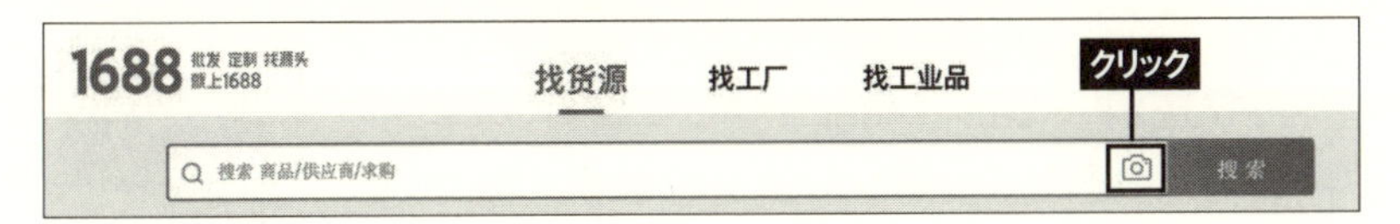

③およその仕入れ値をチェックする

検索結果一覧ページには、仕入れたい商品と同じ画像の工場が複数見つかります。それぞれの工場の仕入れ値からおよその仕入れ値を想定し、メモします。

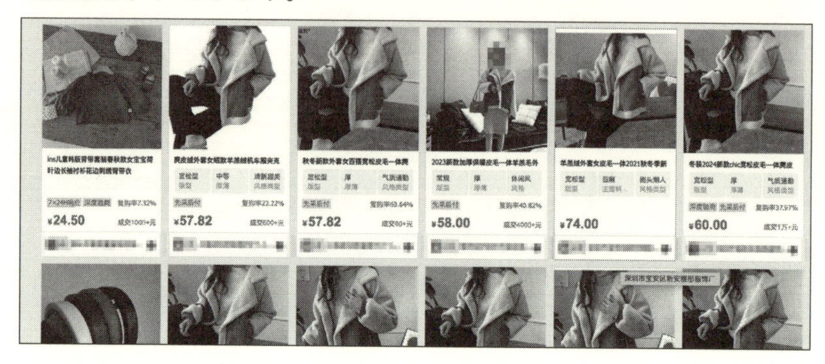

例えば上記の商品の場合、50元〜100元以上まで、工場によって価格に幅があります。この後で行う工場リサーチで仕入れる工場が決まれば正確な仕入れ値が決まります。ここでは仮の仕入れ値として70元をおよその仕入れ価格としてメモします。

キーワード検索で工場を探そう

画像検索でうまく商品が見つからない時は、Amazonの商品ページに掲載されている２枚目以降の画像でも試してみましょう。それでも工場が見つからない場合は、キーワード検索でリサーチします。検索したい言葉を考え、Google翻訳などの翻訳サイトで中国語に変換します。

アリババのキーワード検索を詳しく説明したPDFを特別に読者にプレゼントいたします。右のQRコードから受け取って活用してください。

13 利益率を計算する

利益率の計算はFBA料金シミュレーターが便利

利益率の計算は、Amazonがセラー向けに提供している「FBA料金シミュレーター」を用いると便利です。FBA料金シミュレーターは、Amazonの販売手数料や倉庫の保管手数料などをシミュレーションするのが目的のソフトですが、同時に利益率も計算してくれます。

FBA料金シミュレーターの使い方

①FBAシミュレーターをGoogle検索する

Google検索で「FBAシミュレーター」を検索しFBAシミュレーターを開きます。ＦＢＡ料金シミュレーターは、セラーセントラルにログインしなくても使えます。「ゲストとして続ける」をクリックしましょう。

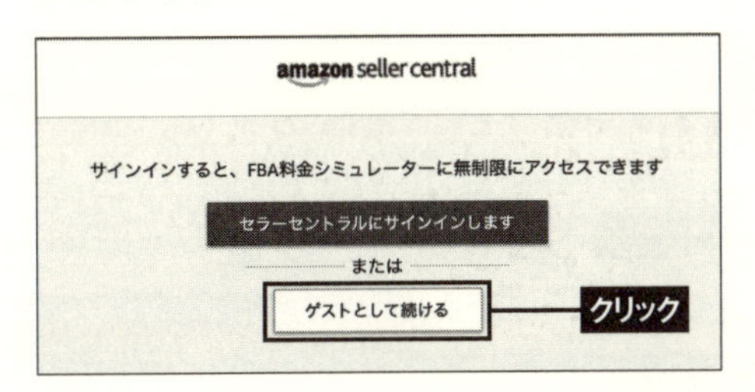

②Amazonの商品ページを表示してバリエーションを選択する

Amazonの商品ページを開いたら、バリエーションを選択します。

バリエーションを選択した状態で、上部のURLから子ASIN(次ページ参照)を調べます。画像の商品では、色はすでに選択されていますが、サイズが未選択の状態です。URLの中からASINコードを取得しても親ASINとなってしまうので必ずバリエーションを選択します。サイズによって重量や大きさが異なりますので、まずは一番小さいサイズを選択しましょう。

③URLから子ASINをコピーする

子ASINは、URLの中の/dp/のあとに表示されているBからはじまる10桁の英数字です。URLをメモ帳などにコピーしましょう。

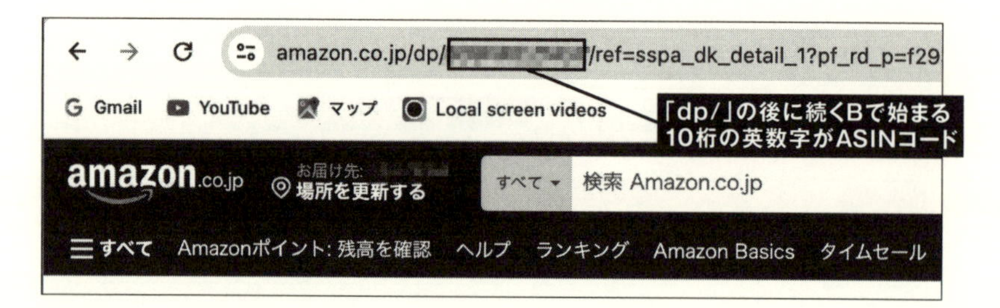

④子ASINコードを張り付けて検索する

FBAシミュレーターの画面に戻り、子ASINコードを入れて商品を検索します。

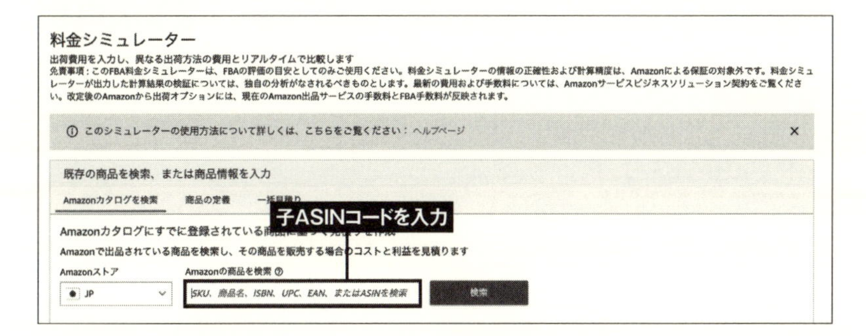

ASINコードとは

ASINコードとはAmazon Standard Identification Numberの略で、Amazonがすべての商品に個別に付与している商品管理番号です。
色やサイズなどのバリエーションがある商品の場合は、全バリエーション共通の親ASINのほかに、バリエーションごとに異なる子ASINが与えられています。

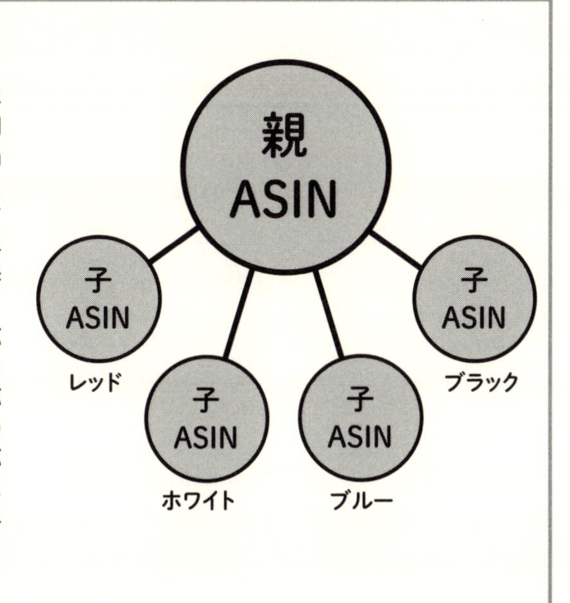

親ASINを選択しないように注意

下の図のようにAmazon商品ページの登録情報の欄には、ASINの欄があります。ただしこちらのASINは、「親ASIN」と呼ばれるもので個別のバリエーションの商品を示すものではありません。

登録情報

Amazon.co.jp での取り扱い開始日 ：

ASIN ：B ―― 親ASIN

Amazon 売れ筋ランキング: -

カスタマーレビュー:

それぞれのバリエーションの商品を示す「子ASIN」は商品ページ内でバリエーションをひとつ選択した状態のURLの中に表示されています。

⑤FBAシミュレーターで利益率を計算する

検索した商品の情報が次ページの画像のように表示されます。

表の「Amazonから出荷」はFBA納品を利用する場合、「出品者出荷」はセラーが自宅や事務所から商品を発送する場合のシミュレーションに使います。ここでは、FBA納品を利用した際の大まかな利益率を計算しましょう。

シミュレーターには、商品価格、Amazonの販売手数料、FBAの手数料、倉庫の保管費用などの情報がすでに入っています。「販売された商品の原価」の欄に商品原価の概算を入れるだけで、簡単に利益率のシミュレーションができます。

例とした商品は、92ページで記載したようにアリババの工場が表示している価格帯から、およその仕入れ価格を70元としました。商品の仕入れ値以外の諸経費を含めた商品原価を算出するため、1元を33円として仕入れ価格2310円（70元×33円）を入力します。

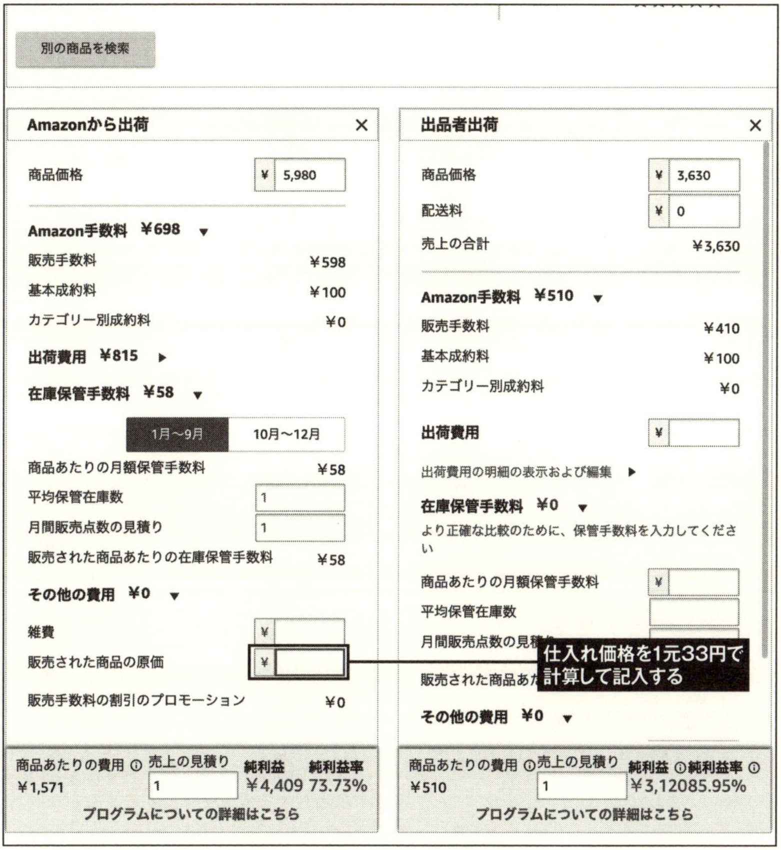

別の商品を検索

Amazonから出荷	
商品価格	¥ 5,980
Amazon手数料 ¥698 ▼	
販売手数料	¥598
基本成約料	¥100
カテゴリー別成約料	¥0
出荷費用 ¥815 ▶	
在庫保管手数料 ¥58 ▼	
1月〜9月	10月〜12月
商品あたりの月額保管手数料	¥58
平均保管在庫数	1
月間販売点数の見積り	1
販売された商品あたりの在庫保管手数料	¥58
その他の費用 ¥0 ▼	
雑費	¥
販売された商品の原価	¥
販売手数料の割引のプロモーション	¥0
商品あたりの費用 ¥1,571	売上の見積り 1
純利益 ¥4,409	純利益率 73.73%
プログラムについての詳細はこちら	

出品者出荷	
商品価格	¥ 3,630
配送料	¥ 0
売上の合計	¥3,630
Amazon手数料 ¥510 ▼	
販売手数料	¥410
基本成約料	¥100
カテゴリー別成約料	¥0
出荷費用	¥
出荷費用の明細の表示および編集 ▶	
在庫保管手数料 ¥0 ▼	
より正確な比較のために、保管手数料を入力してください	
商品あたりの月額保管手数料	¥
平均保管在庫数	
月間販売点数の見積り	
販売された商品あた	
その他の費用 ¥0 ▼	
商品あたりの費用 ¥510	売上の見積り 1
純利益 ¥3,120	純利益率 85.95%
プログラムについての詳細はこちら	

仕入れ価格を1元33円で計算して記入する

シミュレーターの一番下の「純利益」と「純利益率」が自動的に算出されます。この時点で利益率が低すぎる場合は、それ以上のリサーチをせずに、利益の出そうな他の商品を探しましょう。

14 商品原価を計算する

8つの原価

前項では、商品原価の概算計算として1元33円で計算する方法を説明しました。リサーチ中に利益が出る商品かどうかの大まかな目安を瞬時に判断する際には大変便利な計算方法です。この時点で既に利益率が低すぎる商品は仕入れる必要がないので、リサーチを即終了して次の商品のリサーチへ集中できるからです。本項では概算の計算をクリアした商品に対して、より正確な商品原価を計算する方法を説明します。

アパレル商品を輸入して販売するには、以下の原価がかかります。

①商品原価：仕入れ先の工場や仕入れる個数によって変わる。
②国際送料：重さ、容積、輸送方法、輸入代行業者で異なる。
③輸入代行手数料：購入金額で決まる。輸入代行業者で異なる。
④関税：20万円以下の輸入は簡易関税が種類ごとに決められている。
⑤ブランドタグ：アリババの工場や輸入代行業者で見積もり可能。
⑥品質表示タグ：アリババの工場や輸入代行業者で見積もり可能。
⑦タグづけ代行料：輸入代行業者にプランがある場合が多い。
⑧FBA手数料：Amazonの提供するFBAシミュレーターに商品価格を入力すると自動的に計算される。

このうち①から⑦までの原価を合計したコストを「商品原価」とし、FBA料金シミュレーターに入力することで、より正確な利益率を計算することができます。

引き続き、コートの例で原価の計算方法を説明します。

①商品原価を計算する

①中国元の日本円換算レートを調べます

Googleで「元 円」と検索すると、検索結果の画面で最新の換算レートが表示されます。ここでは1元20円として説明を続けます。

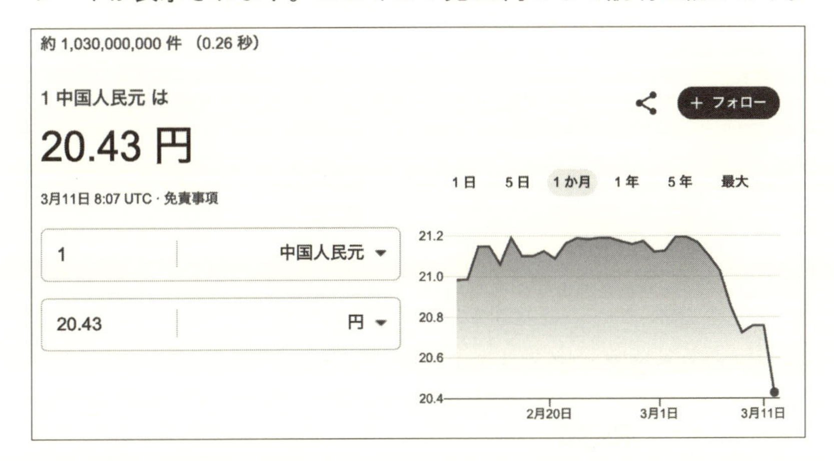

②日本円に換算します

アリババでの仕入れ価格に、換算レートをかけます。

仕入れ価格70元の商品に、1元20円をかけて1400円です。

②国際送料を計算する

国際送料は、輸入代行業者によって異なります。通常、国際送料は少量の輸送だと1kgあたりの送料は割高になります。一度に発送する荷物が大量になればなるほど、1kgあたりの送料は割安になります。価格は重量と容積によって変わります。アパレル商品は、コートなどかさばる大きな冬物商品は重量が１kg以上のものもありますが、Ｔシャツですと約200gと商品によって大きく変わります。

例として先ほどのコートの場合は、660gと少し重めでしたので、送料800円として計算します。

商品の重量は、Amazonの商品ページにある「登録情報」でわかります。画面を下にスクロールして、情報を確認しましょう。

また、61ページで紹介した「Keepa」を利用している場合は、グラフ上部のメニューバーにある「Date」をクリックすると、重量など詳細な情報を調べることができます。

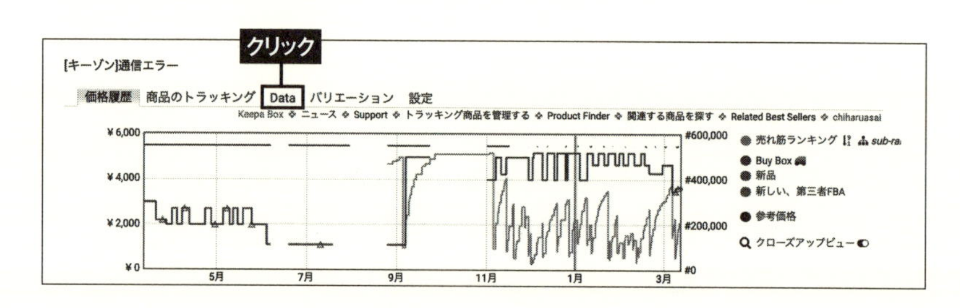

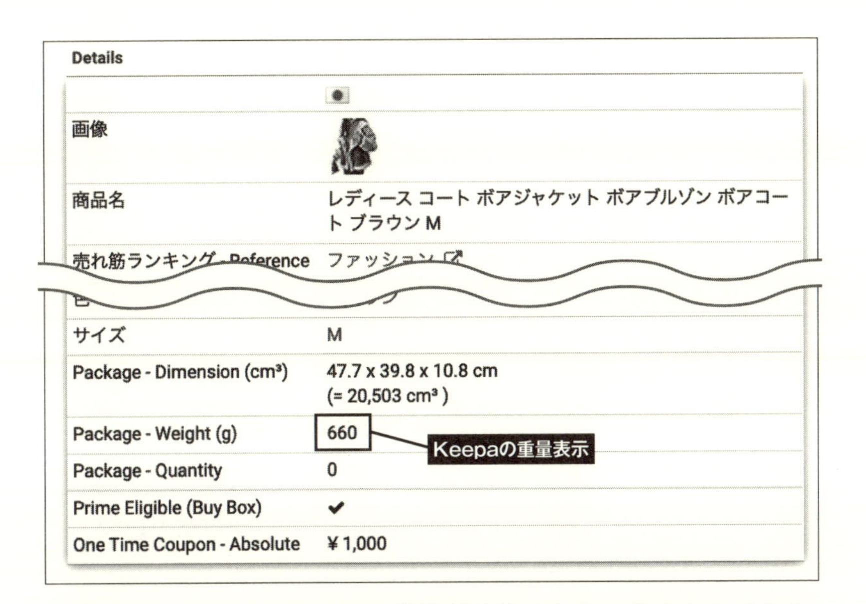

商品によっては、Amazonで重量が表示されない場合もあります。その際は、アリババの工場のページに記載されている商品情報を参考にしましょう。仕入れ値を調べる要領で商品を検索し、表示されたページの最初の画像の少し下にある「商品详情」の中に記載があります。同じ商品でも工場によって記載が異なる場合もありますが、大まかな目安になります。

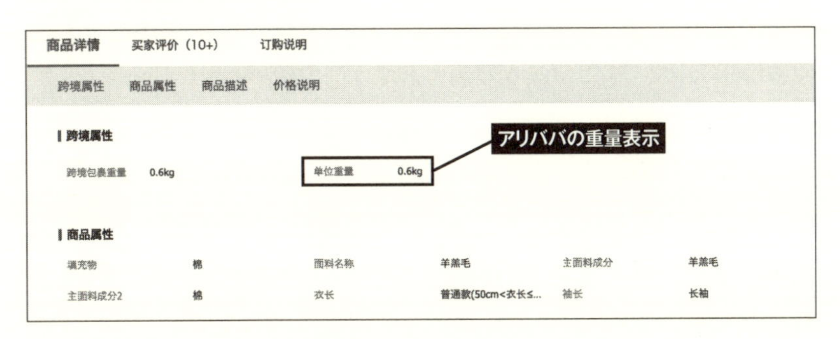

③輸入代行手数料を計算する

こちらも輸入代行業者によって異なりますが商品代金の５～８％

のところが多いです。

ここでは高めの８％として計算します。仕入れ価格（70元×20円）の1400円の８％ですので、112円が輸入代行手数料となります。

④関税を計算する

衣類及び衣類附属品は、簡易関税の扱いとなり10％の税率です。仕入れ価格1400円の10％は140円です。

⑤ブランドタグの原価を計算する

どこに制作を発注するか、一度に何枚作るかで変わります。1000枚で5000円程度なので、一枚あたりのコストは約５円です。

⑥品質表示タグの原価を計算する

アリババの工場や輸入代行業者で見積もり可能。一度に作る枚数によっても単価は変わります。こちらも一枚５円で計算します。

⑦タグ付け代行料を計算する

タグ付けは、輸入代行業者に依頼して中国側でつけてもらうほうが安くできます。業者によって異なりますが、一枚約45円としてブランドタグと品質表示タグの二枚で約90円です。

以上より、①から⑦の原価の合計は1400+800+112+140+5+5+90で2552円となります。⑧のFAB手数料は商品価格を入力した段階ですでに算出されています。前項では商品原価に2310円を入れましたが、2552円を入れなおして計算すると利益率は31.06％と出ます。

15 利益率リサーチにおけるNG判定

なぜ利益率20%ではいけないのか

利益率リサーチにおけるＮＧ判定の基準は、利益率30%です。これを下回っている商品は、それ以上リサーチする必要はありません。販売をスタートしたのち、商品の利益率は、価格競争などで下がることはあっても、基本的には上がることは稀だと考えておきましょう。

販売開始後も利益率を定期的にチェックし、利益率がライバルとの値下げ競争などにより20%を下回ったら、この商品の販売を終了する撤退ラインだと考えましょう。

利益率が30%を超える商品であれば、多少円安になって利益率が下がっても、利益率は20%以上を維持することができます。また、たとえ価格競争が起きたとしても、20%以上を維持する形で耐えることができます。撤退ラインの利益率20%ギリギリの商品を仕入れてしまうと、何かの理由で利益率が下がったとたんに撤退しなければならなくなってしまいます。

利益率が高い商品を取り扱うことで、利益率に余裕がある分を広告費に回すこともできるようになります。利益率リサーチの段階では、利益率は30%未満の商品はリサーチ対象からすぐに外して、次の商品へとリサーチを移りましょう。

商品リサーチを通じて、記憶の片隅に残しておこう

商品リサーチでは、膨大な数の商品を次から次へと見ていくことになります。ひとつでもＮＧ判定に該当する場合は、その商品のリサーチはすぐにやめて、次の商品リサーチへと移っていくため、売上リサーチ、利益リサーチを経た時点で、リサーチをやめた商品も増えているでしょう。

ただし、ひとつでもＮＧ判定に当てはまった商品については、何もかも忘れてしまっていいかというと、そうではありません。ぼんやりとした記憶で構わないので、これまで自分がどんな商品をリサーチしたかを記憶の片隅に残しておきましょう。商品ページの全てを覚えておく必要はありません。おすすめは、売上リサーチでAmazonの商品ページを調べた際の商品画像の1枚目を覚えておくことです。そうすることで、売上リサーチでまた同じ商品が表示されても、「この商品は前にもチェックしたな」とすぐに気付き、再度リサーチして余計な時間や手間をかけることがなくなります。

商品リサーチでたくさんの商品を見ることは、213ページで紹介するグレードアップ商品を作るときや、222ページで紹介するいちから商品を完全オリジナルで作るときにもアイディアが出てきやすくなります。ちょっとした意識であなたのセンスを磨いていきましょう。

16 工場リサーチとは何か

複数の工場の中から仕入れ先を決める

「売上リサーチ」と「利益率リサーチ」で発注する商品が決まったら、次は「工場リサーチ」を行ってアリババで発注先の工場を選定していきましょう。

工場リサーチは、以下の３つのステップで行います。

工場リサーチ

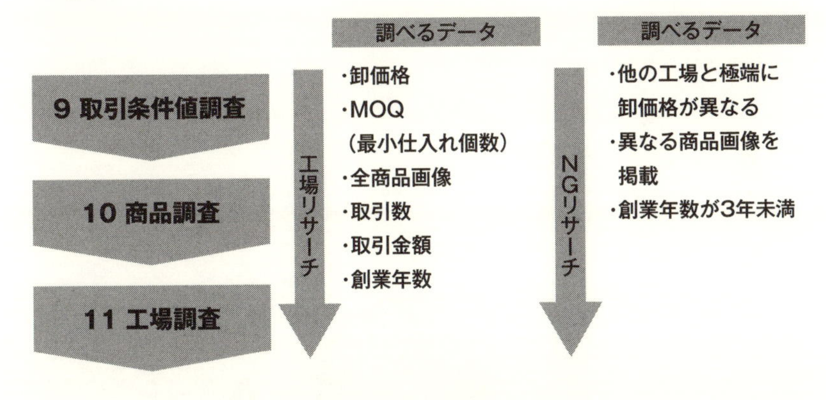

初心者が陥る工場選定の罠

アリババで仕入れ先を探すときに、初心者が陥りがちなのが「どの工場から仕入れたらいいのか判断がつかない」という問題です。

「利益率リサーチ」で見たように、アリババで商品を検索すると、

Amazonの商品画像と同一の商品画像の販売ページがずらりと並びます。販売価格帯も様々です。ここで初心者は「同じ商品画像を使っているのだから、どの販売ページから仕入れても似たようなものだろう」と考えて、一番安く販売しているアリババの販売ページから仕入れようとしがちなのですが、これは大きな間違いです。値段だけしか見ずに仕入れをすると8割がた失敗します。

そこで大切なのが、工場リサーチを通じて、品質が良くて適正価格で商品を仕入れることができる工場を見極めることです。

17 工場リサーチにおけるNG判定

元祖の工場以外はNG

中国では、無数の生産工場が点在しています。アリババ上で沢山売れるヒット商品が生まれると、他の工場もマネをして同じ商品を作成することがよくあります。その際に元祖の工場がアリババの商品ページに掲載している商品画像をそのまま自分の工場の販売ページに転載するのも当たり前のように行われています。商品画像を転載するのならば、販売商品自体もまったく同じ物を作ってもらいたいところですが、後続の工場は原価を安く抑えて生産するために形や素材を変えてコストダウンして製造するケースが多いのです。

そこで仕入れを成功させるために大切なのが、一番はじめにその商品を作り始めた「元祖」の工場を探し出すことです。

元祖の工場を見つけ出す方法

元祖の商品画像をコピーして販売している工場は、自分たちが作った商品の現物画像を商品ページの一番下のほうに掲載していることがあります。

商品ページの上の方の商品画像だけで信用せずに、商品ページの下の方や隅々まですべてチェックしましょう。少しでも違う商品画像が掲載されていたら、その商品ページは元祖ではないと判断しましょう。

元祖の可能性がある工場が複数見つかったら、取引件数や工場のレビュー評価などを総合評価して、発注する工場を決めるようにします。

工場の設立年数をチェックする

元祖かどうかだけでなく、その工場の信頼度を判断する目安のひとつとして、アリババの商品ページに表示されている工場の設立年数をチェックすることも大切です。少なくとも3年以上の中堅工場や、設立から10年以上が経過している工場を選ぶことをオススメします。粗悪品を仕入れるリスクは低くなるでしょう。

初心者は、商品画像の違いの判別に少し手間取るかもしれませんが、慣れてくると「この工場の商品は、ポケットがない」「ボタンの素材が全然違う」など、形やデザインの違いが見えてくるようになります。

18 発注する工場を比較検討しよう

複数の工場から比較検討する

①アリババで商品を扱っている工場を探す

アリババでリサーチ対象の商品を扱っている工場を探します。ここでは、下記のレディースジャケットを例に説明します。P.90で説明した方法で画像検索を行うと、該当する複数の工場の商品ページが表示されます。

②取引額の大きい順に商品を並び替える

枠で囲んだ「成交额（取引額の意味）」をクリックすると、これまでの取引金額の多い順に商品が並びます。一番多い商品ページからチェックしていきましょう。

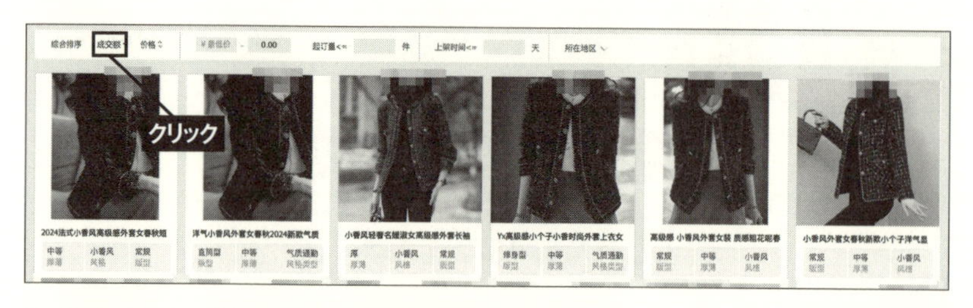

■ ③商品ページ内にある商品画像を見比べる

下の図は①で検索した画像です。複数の工場がこの画像を商品ページに掲載しています。右は検索で表示されたある工場に掲載されていた画像です。比較すると、ボタン数やポケット位置に違いがあります。こちらの工場では両方の形を取り扱っているようですから、もし生産を依頼するとなった際には商品を間違えないように注意が必要です。また工場によってはコストダウンのためにジャケットの形や付属品を変えてしまうケースもありますから商品ページの画像は最後の一枚までしっかり確認しましょう。

検索していた商品の画像

ある工場の商品ページの掲載画像

④商品の取引件数をチェックする

工場の商品ページの卸価格の上に「1年内〇件成交」という言葉があります。「成交」は「取引」を意味しているので、この言葉は「一年間の取引件数」ということになります。その下に表示されている価格と「〇件」は、「〇個から〇〇元で製造します」という最小仕入れ個数と単価です。画像の商品の場合、この工場では1個から単価109元で注文ができ、20個以上は単価が107元に、50個以上は105元になることがわかります。

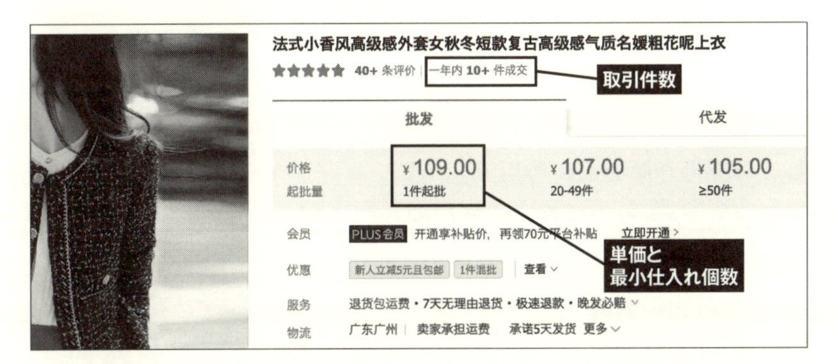

⑤工場のアリババ出店年数をチェックする

商品ページの左上にある「1688」のロゴの右には、工場の名前と、アリババの出店年数、工場の評価が掲載されています。また、その横の「综合服务」は翻訳すると「総合サービス」という意味です。工場の総合評価の目安として参考にしましょう。

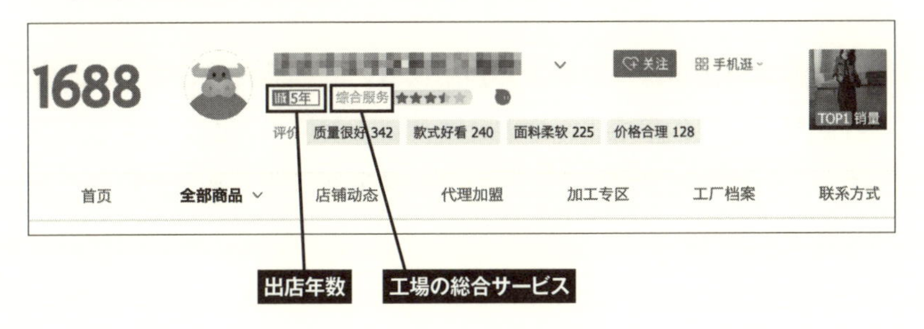

⑥工場の評価をチェックする

工場の名前の横にある「V」をクリックします。

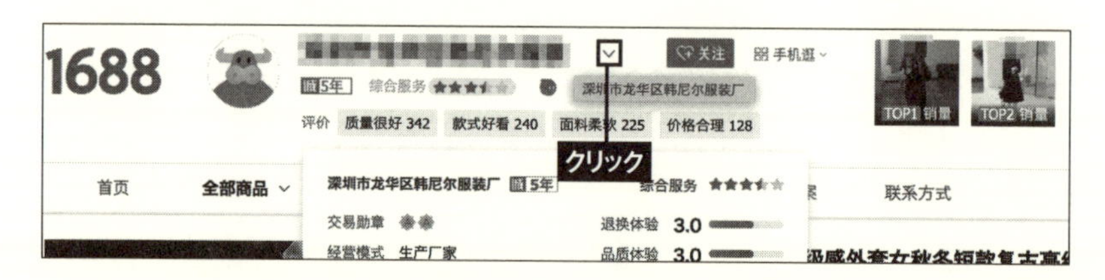

さらに細かく工場の実績や評価が出てきます。以下にそれぞれの項目の意味を紹介します。

交易勋章：取引のメダル（勲章）。このマークの数が多いほど、工場としての評価が高いという目安
经营模式：ショップ種類。「生产厂家」はメーカーの意味
所在地区：住所
回头率：リピート率
证照信息：認証情報
退换体验：返品対応
品质体验：商品品質
物流时效：配送スピード
纠纷解决：トラブル対応
采购咨询：顧客対応

上の画像の工場は、トラブル対応は5、商品品質は3です。品質の評価が2以下の工場は、たとえトラブル対応の評価が高くても取引をしないほうが無難です。トラブルは未然に防ぎましょう。

19 最終工程における NGリサーチ

商品仕入れを決定する前の最終チェック

中国から仕入れる商品を決める「商品リサーチ」もいよいよ最後のステップです。NGリサーチは、本当にその商品を扱ってもよいか、問題点はないかを判断する最終チェック段階だといえます。

Amazonレビュー

自分がAmazonで何かを購入する時も、他のひとの書いた商品レビューを参考にするものです。良い評価がたくさん投稿されている商品は自分も買ってみたいと思い、反対に、評価が悪ければ別の商品を探したくなります。一般のお客様が書いた商品レビューの内容が、その商品の将来の売上金額に大きな影響を与えるのです。

悪い評価の多い商品を販売したら、お客様からのクレームに発展する可能性が高いです。仕入れようとしている商品にそのようなリスクがないか、商品レビューで事前にチェックしておきましょう。

壊れやすい商品でないか

中国からの輸送中、商品が手荒く扱われてしまうこともあるため、壊れやすい素材を使った商品は仕入れないほうが無難です。

空輸できるか

リチウムバッテリーの使われている商品は、バッテリーに液体が使われているため、飛行機への持ち込みができません。どうしても仕入れたい場合は、船便を利用することになり、到着までに時間がかかることになります。

例：バッテリー付きの光るＴシャツ

特殊な素材を使っていないか

私が輸入しようとしてできなかった商品に、わらじがあります。税関を通る際、素材のわらに虫がいないことを証明する殺菌証明書が必要だとわかりました。しかし、証明書の発行にはコストがかかって赤字になるため、輸入をあきらめました。あまり一般的ではない素材を使用する商品は、最初から選ばないほうがいいでしょう。

数多くの商品を扱っていくと、どうしてもトラブルは起きるものです。トラブルを未然に防げるように規制や法令を調べることは大事ですが、ＮＧリサーチに時間をかけすぎて利益が出る商品を発注しないまま放っておかないよう、くれぐれも注意しましょう。

Column
これをやったら売れません

Amazonを見ずにアリババのみでリサーチしてはいけない

初心者のひとが失敗しがちなリサーチ方法が、Amazonではなく商品の仕入れ先であるアリババで商品を探してしまうことです。正解はアリババではなく、日本のAmazonでまずリサーチすることです。

たしかにアリババを見ていけば、安く仕入れられる商品をたくさん見つけることができます。しかしアリババで見つけた商品が、すでに日本のAmazonで販売されているかというと、その割合は低いでしょう。なぜならば、アリババにはAmazonの10倍以上の商品があるといわれているからです。

さらにアリババで見つけた商品が、日本のAmazonで売れている確率はさらに低くなります。アリババのみではAmazonの売上データを使ったリサーチができません。

正解は仕入れ先ではなく売り場所であるAmazonで仕入れ商品をリサーチすることです。そうして見つけた商品のデータを分析し、アリババで仕入れ値を調べ、仕入れる工場を決める。

このリサーチの順番を間違えると時間を無駄にしてしまいますので、注意してください。

誰も扱っていない商品には売れないリスクがある

初心者が陥りがちな考え方のひとつに「まだ誰も日本で売っていない、ライバル不在の商品を見つけたい」というものがあります。

日本のAmazonでの売上リサーチからはじめると、少なくともひとりはすでに販売している商品しか見つかりません。それを嫌がって、アリババで商品を見つけようとするのです。

しかしまだ誰も日本で販売していない商品というのは、赤字になるリスクが大きいということです。上級者ならば、センスとカンで赤字を回避することができるかもしれませんが、初心者にはおすすめしません。

リサーチで商品に一目ぼれしてはいけない

リサーチをする中で初心者のひとほど、基準を下回っている商品だとわかっていても、諦めきれずに次の商品のリサーチへと頭を切り替えることが難しい場合があります。

自分が見つけた商品に一目ぼれしてしまい、何か悪いデータがあってもそれを見ようとせずに、いいところを過剰に評価しようとしてしまうのです。

ビジネスの目的は利益を上げることです。「売れていない商品を自分なりの創意工夫で売れるようにしたい」というひともいますが、それは初心者にはおすすめしません。

ひとつでも基準を満たしていない場合は、ＮＧです。ダメなものはダメ。限られた時間を有効に活用していきましょう。

Chapter 4

商品を
中国から仕入れる

1 輸入代行業者に依頼すればグンと楽になる!

中国輸入ビジネスは、輸入代行業者に依頼すべし

商品リサーチで仕入れたい商品が見つかったら、さっそく仕入れに移りましょう。いちはやく仕入れて販売を始め、ライバルがまだ少ない中で売上を上げていきましょう。

「中国からの輸入の手続きって、よくわからないな」

「商品にブランドタグをどうやってつけるんだろう」

このように、いざ商品を仕入れようとすると不明点がでてくることでしょう。しかし、**輸入の手続きやブランドタグのつけ方などを勉強する必要はありません。なぜならば、そういった面倒な作業はすべて「輸入代行業者」が作業を代行してくれるからです。**

輸入代行業者の６つの役割

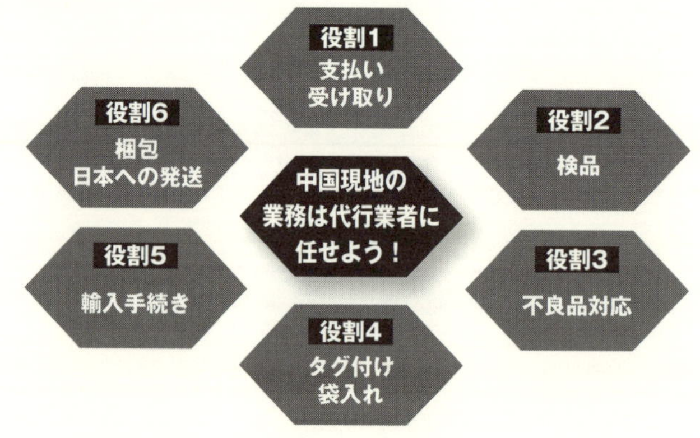

輸入代行業者は、主に次の6つの業務を代行してくれます。
ひとつずつ解説していきましょう。

役割1 アリババへの発注・受け取り

アリババで商品を購入するには、中国の銀行口座が必要です。日本に住んでいる日本人が中国の銀行口座を持つことは容易ではありません。そこで輸入代行業者に代行を依頼することで、アリババでの商品の仕入れが可能となります。

また、たとえ銀行口座を持っていたとしても、輸入代行業者に依頼することをおすすめします。なぜならアリババには、海外への発送に対応していない店舗があるからです。中国国内で商品を受け取ることができる輸入代行業者に仕入れを依頼することで、取引できるアリババの店舗の選択肢が広がるというわけです。

役割2 検品

検品は、不良品でないかどうかを確認するために行います。不良品が見つかった場合は、アリババの店舗にすぐに連絡して、商品の交換か返金を依頼します。

アリババの基本的なルールでは、商品の交換は商品の到着後一週間以内です。したがって購入者である輸入代行業者が商品を受け取ってから一週間以内に返品の申請をする必要があります。

もし日本に商品が届いてから検品すると、返品期限の一週間はゆうに過ぎてしまいます。運よくアリババの店舗が返品を受け付けてくれる場合でも、返品のための高い国際送料は自己負担になります。

つまり検品は日本ではなく、中国で行う必要があるということです。そもそも検品は誰でもできる作業なので、外注することをおすすめします。

人件費の高い日本でアルバイトを雇って管理するより、人件費の安い中国現地で輸入代行業者に丸投げしたほうがコストも手間も削減できます。

■ 役割3 不良品対応

検品をして、不良品があった場合には、アリババの店舗に連絡をして「返品交換」の依頼をすることになります。

当然、中国語で依頼する必要がありますが、心配はいりません。輸入代行業者に日本語で伝えるだけで、輸入代行業者が中国語でアリババの店舗に連絡してくれます。

ただ連絡するだけでなく、時には交渉が必要となることもあります。そのようなときにも、輸入代行業者があなたの代わりに中国語でコミュニケーションを取ってくれます。

中国語がまったくわからなくても中国輸入ビジネスができるのは、輸入代行業者にお願いするからこそです。

■ 役割4 タグ付け・袋入れ

ノーブランドで製造されたアパレル商品を自分ブランド化するために、ブランド名を示すタグを商品に取り付ける必要があります。このタグを商品に取り付ける作業を「タグ付け」といいます。アパレル商品の場合は、布タグと呼ばれる布製のタグを付けます。

タグ付けの後は、商品の袋入れ作業です。アパレル商品の包装は、透明なプラスチック製の袋を用いるのが一般的です。

布タグの例

袋で包装の例

検品作業と同様に、タグ付けや袋入れも中国で外注するのがおすすめです。タグ付けや袋入れがうまくなっても、売上が上がるわけではありません。輸入代行業者に依頼をすることで、浮いた時間を売上に直結する商品リサーチに充てましょう。

役割5 輸入手続き

商品を中国から日本へ輸入するには、税関で「通関」のチェックを受けます。そのために輸入書類を提出する必要があります。輸入書類には、パッキングリストとインボイスのふたつがあります。

二種類ある輸入書類

パッキングリスト	商品の梱包形態や個数、重量、容積などを記載した書類
インボイス	輸入する商品の金額や数量などを申請する書類

これらの書類は、英語で作成する必要があります。ただし心配はいりません。輸入代行業者が作成するだけでなく、手続きまでしてくれますので、特別な作業は何も必要ありません。輸入と聞くとハードルが高く感じると思いますが、輸入代行業者に依頼することで専門的な知識のない未経験者でも円滑に商品を輸入することができます。

役割6 梱包・日本への発送

中国国内の輸入代行業者の元には、発注先であるアリババの各店舗から商品が入ったダンボールが届きます。輸入代行業者は、それらの商品を全てまとめて梱包し、日本に発送してくれます。そのため、アリババの店舗それぞれから個別に日本に発送するよりも断然に国際送料が節約できます。

2 輸入代行業者の選び方

輸入代行業者は、役割と料金をチェックして選ぼう

「中国　輸入代行」とインターネットで検索すると、たくさんの輸入代行業者が簡単に見つかります。先ほどの6つの役割全てを担ってくれるかを確認した上で、料金体系を比較して選びましょう。

輸入代行業者に支払う料金は、大きく分けると以下の3つに分類されます。

（1）月々、定額で支払う基本利用料

（2）購入した商品金額の一定の割合を支払う代行手数料

（3）荷物の重量と大きさで決まる、国際送料

輸入代行業者を比較する際には、これら3つの料金ごとに比較するのではなく、3つを合わせたトータルの料金として比較しましょう。

例えば、（1）の基本利用料と（2）の購入手数料が安かったとしても、（3）の国際送料が高く設定されている業者もあります。

初心者は、基本料金が少なめの料金プランがおすすめ

輸入代行業者によっては、いくつかの料金プランを用意していることがあります。輸入代行業者にとっては、たくさん商品を輸入するセラーを優遇するために、（1）の基本利用料が高い代わりに、（2）

の代行手数料が安くなるプランを用意していることがあります。

ただし初心者はまだ仕入れる商品の点数が少ないでしょうから、（2）の代行手数料が多少高くても、（1）の基本利用料が安めの料金プランを選んだほうがよい場合もあります。

創業年数や実績もチェックしよう

輸入代行業者は、あなたの代わりに作業を行ってくれる大切なビジネスパートナーです。そのため、料金の安さだけで選ぶのではなく、創業年数や実績といった部分も総合的に見て判断しましょう。

もし輸入代行業者の対応に不満があれば、他の業者に乗り換えをすることも可能です。しっかりと検討することは大切なことですが、輸入代行業者選びに時間をかけすぎないようにしましょう。

私が初心者の人におすすめする輸入代行業者は、下記の「CiLEL（シイレル）」さんです。

CiLEL　https://cilel.jp

輸入代行業者が決まったら、この順番で依頼しよう

続いて、輸入代行業者に依頼する手順とその内容について見ていきましょう。これを示したのが、次の４つのステップです。

ステップ1 テスト発注・検品 → ステップ2 本発注・検品 → ステップ3 タグ付け・袋入れ → ステップ4 梱包・日本へ発送 → 販売スタートへ（Chapter 6）

ステップ１は、商品の品質を確かめるための「テスト発注」と「検品」です。万が一、粗悪品ばかりを製造する工場を選んでしまった場合でも、テスト発注で少量を発注して、検品で品質を確かめることで、発注先の工場を変更することができます。

ステップ２は、販売のために商品を発注する「本発注」を行い、併せて「検品」も行います。

ステップ３は、商品に対しての「タグ付け」と「袋入れ」です。「タグ付け」と「袋入れ」に用いるタグと包装袋には、自分ブランドを印字したものを用意します。アリババの店舗か、輸入代行業者に依頼することで、タグと包装袋は用意できます。

ステップ４は、日本への発送です。検品、タグ付け、袋入れがすでに終わっているわけですから、Amazonの倉庫に直接送ることが可能です。

上記の輸入代行業者への依頼について、詳しく説明したPDFを特別に読者の方にプレゼントいたします。右のQRコードから受け取って活用してください。

Chapter 5

Amazon出品用アカウント登録と出品許可申請

1 Amazonの出品用アカウントを取得して出品者（セラー）になろう

圧倒的な集客力を持つAmazonの出品者（セラー）になろう

消費者データ分析の専門会社であるニールセンデジタルによると、2021年12月の日本国内におけるAmazonの利用者数は一カ月で4,729万人でした。また、米Amazonの年次報告によると、2023年の売上高は260億200万ドル。2023年の平均為替レート1ドル141円で換算すると3兆6662億8200万円でした。本書で説明する手続きを行うことで、この巨大マーケットの出品者（セラー）になれるのです。さぁ、Amazonの登録手続きを行い、セラーとしての第一歩を踏み出しましょう。

出品用アカウントは「大口出品」を取得するべし

「出品用アカウント登録」について、解説していきます。Amazon出品用アカウントには「大口出品」と「小口出品」の二種類があります。

自分のブランド商品を出品登録できるのは「大口出品」のアカウントのみです。「小口出品」のアカウントでは、すでにAmazonに出品登録済みの商品しか販売できません。

つまり自分ブランド商品を取り扱う時点で「大口出品」一択です。

▌出品プランによる料金の違いを知っておこう

出品サービスの料金には、出品用アカウントの種類によって料金が異なるものがあります。月額登録料と基本成約料のふたつです。大口出品は月間登録料の月額4,900円がかかりますが、基本成約料はかかりません。小口出品は月間登録料はかかりませんが、販売一点につき100円の基本成約料がかかります。

「大口出品」と「小口出品」の違い

	大口出品	小口出品
月間登録料	月額4,900円	なし
基本成約料	なし	1点につき100円
自分ブランド商品	出品できる	出品できない

購入用アカウントから出品用に進むと楽!

出品用アカウントの登録は、Amazonの購入用アカウントを用いて行うことができます。購入用アカウントと同じメールアドレスとパスワードでログインできるため、操作がスムーズです。

購入用アカウントを持っていないひとは、購入用アカウントの登録をAmazonのトップページから行うことができます。トップページの検索ボックスの右にある「こんにちは、ログイン」にカーソルを合わせ、表示されたプルダウンから「新規登録はこちら」をクリックして購入用アカウントを登録しましょう。

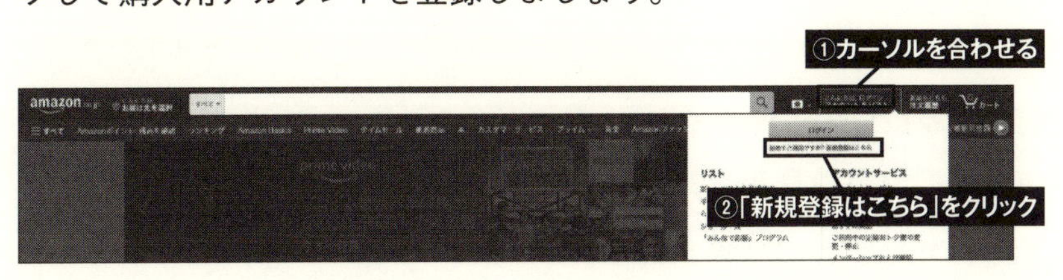

2 まずは出品用アカウント登録の準備をしよう

出品用アカウントの登録前の6つの準備

出品用アカウントの登録手続きを一気に進めるために、事前に行っておくとよい6つの準備があります。ひとつずつ説明しますので、事前に準備しておきましょう。

①購入用アカウントのIDとパスワードを確認しておく

出品用アカウントを作成するうえで、購入用アカウントのIDとパスワードを確認しておきましょう。IDは購入用アカウントを作成する際に登録したメールアドレスです。

②身分証明書

顔写真入りの身分証明書が必要です。マイナンバーカードは利用できません。パスポート、運転免許証、写真付き住民基本台帳カード、在留カードのいずれかをひとつ準備しましょう。引っ越しに伴って住所が変わった方は、身分証明書に新しい住所の反映を行っておきましょう。

③クレジットカード

大口出品の月額登録料を支払うために、クレジットカードが必要となります。登録できるクレジットカードは、Visa、American

Express、Mastercard、JCBの四種類です。デビットカードは登録できない場合があるのでご注意ください。

■ ④ストア名

ストア名は、文字通りあなたのショップを表す名前です。ブランド名とは異なります。「〇〇ショップ」や「〇〇ストア」のようにお店だと伝わりやすいネーミングを考えておきましょう。

■ ⑤取引明細書

過去180日以内に発行された金融機関の預金通帳、インターネットバンキングの取引明細、クレジットカードの利用明細書のいずれかひとつが必要です。

預金通帳やクレジットカードの明細をスマートフォンやデジカメで撮影するか、スキャンします。インターネットバンキングの場合は取引明細をPDF形式でダウンロードしておきましょう。

■ ⑥入金用の銀行口座

ビジネス用の銀行口座を登録すると、売上金の管理がしやすくなります。スマートフォンで残高照会ができるインターネットバンキングもおすすめです。

６つの準備ができたら、出品用アカウントの登録へと進みましょう。

3 Amazon大口出品セラーになるための 出品用アカウント取得しよう

5つのステップで出品用アカウントを取得する

自分のブランド商品を販売することができるAmazon出品用アカウントを取得して、大口出品セラーになるには、次の5つのステップを行います。

ステップ1	ステップ2	ステップ3	ステップ4	ステップ5
出品用アカウント登録	二段階認証の設定	バックアップの設定	セラーセントラルの初期設定	出品許可申請

ステップ1は、出品用アカウント登録です。普段からAmazonで買い物をしているひとも多いと思います。その際に利用しているアカウントは「購入用アカウント」です。購入用アカウントを持った上で出品用アカウント登録を行うことで、ひとつのアカウントで商品の購入と販売の両方ができるようになります。

ステップ2は、二段階認証設定です。二段階認証をすることで、万が一パスワードが他人に知られてしまっても、不正ログインを防ぐことができます。

ステップ3はバックアップです。バックアップをとっておくことで二段階認証ができないリスクにも対応できるようになります。

ステップ4は、セラーセントラルの初期設定です。セラーセントラルとは、Amazonが提供する販売管理画面です。Amazonの出品者はセラーセントラル上で販売に関するすべての手続きを行います。出品用アカウント登録が終わったら、セラーセントラルで販売に必要な最低限の初期設定を行いましょう。

ステップ5は、出品許可申請です。これはAmazonで自分のブランドとして商品を販売するために必要な手続きです。出品許可申請が承認されると自分のブランド商品を自由に出品できるようになります。以降、5つのステップの流れを簡単に説明していきます。

ステップ1　出品用アカウントの登録手続きを始めよう

Googleで「Amazonで売る」とキーワード検索し、Amazonの出品者用ページにアクセスします。URLはhttps://sell.amazon.co.jp です。画面の表示内容に従って出品アカウントの登録を進めましょう。

ステップ2　二段階認証を行おう

二段階認証とは、セラーセントラルにログインする際に2段階で本人確認を受けることをいいます。Amazonのセラーアカウントは、私たち中国輸入ビジネスを行う者にとっては、金のタマゴを産み続ける大切な「資産」です。不正ログインやアカウントの乗っ取りをされるリスクもあります。これらのリスクから資産を守るために、セキュリティの強度を上げる二段階認証の設定を行っておきましょう。一段階目の本人確認は、メールアドレスとパスワードを使います。そして二段階目の本人確認の方法は、次に説明する3つから選ぶことができます。

1つ目は、携帯電話のショートメール（SMS）を使う方法です。SMSに送られてくる認証番号を入力することで、ログインができるようになります。

2つ目は、スマートフォンの認証アプリを使う方法です。

3つ目は、電話番号の「音声配信」を使う方法です。携帯電話または固定電話の電話番号が使えます。自分がいつも持ち歩いている携帯電話番号を使うと便利でしょう。二段階認証にどの方法を用いるかは好みで決めて大丈夫です。後で変更もできます。迷ったらインターネット環境さえあればどこでも使える認証アプリを選ぶとよいでしょう。

ステップ3　バックアップを行おう

二段階認証を登録すると、バックアップの登録画面に進みます。バックアップを登録しておくと、二段階認証に必要な端末を紛失した際にもログインに必要なコードを受け取ることができます。具体的な操作手順は二段階認証と同じです。

✓二段階認証とバックアップの組み合わせ

二段階認証をSMSで設定した場合、バックアップの手段として同じSMSを選ぶと、もう一台別の携帯電話が必要となってしまいます。つまり、二段階認証でSMSを選んだ場合は認証アプリか音声配信、認証アプリを選んだ場合はSMSか音声配信、音声配信を選んだ場合はSMSか認証アプリを選ぶことで、一台の携帯電話だけでバックアップの設定まで完了することができるというわけです。

二段階認証	バックアップ
SMS	音声配信または認証アプリ
認証アプリ	SMSまたは音声配信
音声配信	SMSまたは認証アプリ

ステップ4　セラーセントラルの初期設定を行おう

出品用アカウントの登録を終えると、セラーセントラル（https://sellercentral.amazon.co.jp/）にログインできるようになります。セラーセントラルとは、商品の出品登録や商品ページ作成などAmazonでの商品販売に必要な操作を行うための場所です。これから頻繁にアクセスすることになるので、アクセスするパソコンの「お気に入り登録」をしておくといいでしょう。

セラーセントラルログイン後、次の５つの初期設定を行います。

（1）入金用の銀行口座

（2）緊急連絡先の電話番号

（3）クレジットカードの追加情報

（4）出品者のプロフィール

（5）コンビニ決済

画面の表示に従って、入力していきましょう。

ステップ5　出品許可申請をしよう

Amazonで自分ブランドの商品をはじめて出品するためには、Amazonからの出品許可が必要です。出品許可を得るための手続きが、「出品許可申請」です。申請は以下の順番で行います。

出品許可申請の手順

手順1	手順2	手順3	手順4
自分ブランドの商品を「商品登録」	出品申請画面から必要情報を入力する	Amazonが審査する	Amazonが出品を許可する

出品許可を得ていないブランド名で商品を登録すると、商品登録の途中で「エラーコード5665」が表示されます。エラーコード5665が表示された時点で必要な情報を提出することで、出品許可を得ることができます。

入力した内容に不備があった場合、Amazonから修正依頼の連絡が来ます。修正して再提出することで、出品許可が得られます。何度でも修正できますので構え過ぎず、進めていきましょう。

出品許可申請が必要なのは最初の出品時一回だけです。一度許可が下りたら、次からは審査なく出品登録することができます。

Chapter5と4は同時並行で進めていこう

Chapter 5は、Chapter4「商品を中国から仕入れる」と同時進行していきましょう。販売者の登録手続きが遅れると、商品を仕入れたのにAmazonに出品できない「販売機会のロス」いわゆる機会損失になります。しかし出品用アカウントを取得するのが早すぎると、Amazonから休眠アカウントと判断されて権利が制限されてしまう場合があります。

本章で説明しているAmazonセラーになるための５つのステップをChapter4と同時進行することで、スムーズに商品販売をスタートしましょう。

出品用アカウントの登録、セラーセントラルの初期設定、出品許可申請のやり方について、詳しく説明したPDFを特別に読者の方にプレゼントいたします。右のQRコードから受け取って活用してください。

Chapter 6

売れる商品は「販売開始前」で9割決まる

Amazonは売れる商品ページが作りやすい!

Amazonは、他のＥＣモールに比べて商品ページが圧倒的に作りやすいといえます。その理由は、商品ページが全て同じ構成で統一されているからです。Amazonは、あらかじめ決められたフォーマットの各項目にテキスト情報や画像を当てはめていくことで商品ページが完成します。

つまりホームページ作成の専門知識がなくても商品ページが作れます。初心者でも参入しやすく、作り込みもしやすいＥＣモールなのです。

売れる商品は「販売開始前」で9割決まる

アメリカの自動車会社フォードの創業者ヘンリー・フォードは、「成功の秘訣は、何よりもまず、準備すること」と述べました。Amazonの商品ページ作成においても準備が９割です。なぜならば、商品ページ作成直後のほうが、商品が売れやすいからです。

作成直後の商品ページは二週間ほどAmazon内のSEOで検索結果の上位に優先的に表示されやすくなります。なぜならば、Amazonは積極的に検索結果の上位に新商品を掲載することで、お客様の購買意欲を刺激して売上を伸ばそうと考えているからです。

つまり、Amazonが新商品扱いしてくれる販売開始直後が最も効率的に販売実績を作りやすいタイミングといえます。

「商品ページは、とりあえず適当でいいや。後から作り込もう」と考えていると、せっかくの有利な期間が無駄になってしまいます。はじめからきちんと準備をして、販売開始直後から効率よく売上を伸ばしていきましょう。

商品ページ作成と販売開始までの5つのステップ

商品ページ作成の5つのステップ

ここから商品ページ作成の手順を解説していきます。

商品ページの作成は、以下の５つのステップで行います。

ステップ1　商品ページづくりは下書きから

販売開始直後から効率的に売上を伸ばすために、まずは商品ページの下書きを作ります。下書きを作ることで、商品ページのブラッシュアップが行いやすくなります。丁寧に作り込んだ下書きが完成したら、ステップ２へと進みましょう。

ステップ2　商品画像の加工指示書をつくる

webデザイナーに効率よく仕事を依頼するために商品の「画像加工の指示書」を作ります。どの画像素材を用いるのか、どんな文章を掲載するのか、どんな色使いにするのか。これらを具体的に提示するのが画像加工の指示書です。

ステップ3　商品画像の加工を発注する

商品画像の加工などの作業を外注できるインターネットサイトを用いて、フリーランスや副業のwebデザイナーへ画像加工の作業を依頼します。ステップ２で作成した画像加工の指示書を提示することで、こちらの依頼内容を理解してもらいやすくなります。見積りの相談やwebデザイナーの作業自体もスムーズに進み、お互いにストレスのない取引ができます。

ステップ4　商品登録する

商品登録とは、ここまで作成した下書きと商品画像などをAmazonに登録することです。商品登録が完了すると商品ページがAmazonのホームページ上で公開されます。ステップ３までがきちんと完了してから取り掛かりましょう。

ステップ5　FBA倉庫に商品を納品する

FBA倉庫に商品を納品しておくと、商品が売れた時にあなたに代わってAmazonが自動的に発送してくれます。Amazonを自動販売機代わりにした手間なし販売がスタートします。

3 手順1～5で下書きを作ろう

まずは下書きを丁寧に作ろう

「早く商品の販売をスタートしたい」という気持ちが先行し、いきなり5つのステップのうちステップ4の「商品登録」に取りかかってしまうひとがいます。しかしすでにお伝えした通り、商品登録の前にステップ1の「下書き」を作ることが大切です。

下書きをよく考えて丁寧に作ることで、「商品登録」をスムーズに入力でき、販売直後のスタートダッシュが切れるからです。

ネット通販では、お客様が販売者の顔を直接見ることができません。そのため、商品ページの内容や文章の丁寧さから信頼できる販売者かどうかを判断します。雑で読みにくい文章からは信頼感が生まれないので、お客様は安心して購入できず、他の商品に目移りしてしまうでしょう。

また、理解しにくい文章では、お客様が無意識にストレスを感じて、読むのを諦めてしまいます。結果として、商品の魅力や価値が伝わらずに購入してもらいにくくなります。ただ書くだけではなくて、お客様が読んでわかりやすい文章を心がけましょう。

✓下書きがあれば、画像の加工指示書も作りやすくなる

商品ページに掲載されている長い文章を読まないひとはいますが、商品画像は全てのひとが目を通すでしょう。つまり、文章で伝えて

いる商品の魅力・価値・機能・メリットなどの情報をビジュアルで直感的にわかりやすく伝えることができるのが商品画像です。

下書きで商品情報を丁寧に整理しておくと、ステップ２の「商品画像の加工指示書」作りもスムーズに進みます。

✓下書きの作成は手書きよりもスプレッドシートが便利

丁寧でわかりやすい文章を書こうとすると、何度も書き直すことになるでしょう。そのため下書きは、修正しやすいパソコン上で書くことをおすすめします。実際にセラーセントラルで商品登録する際に、書いた文章をそのまま「コピー＆ペースト」で入力でき、時間と手間を省くこともできます。

下書き作成におすすめのソフトは、Google社が提供する「Googleスプレッドシート」が便利です。Googleスプレッドシートとは、インターネット上で使える無料の表計算ソフトです。

URLを共有するだけで他の人と情報共有することができるので、ステップ３で加工指示書の内容をwebデザイナーに伝える時にも便利です。

✓下書きでは５項目を考えよう

下書きで作るのは、下記の５項目です。

１.商品名

２.商品仕様

３.商品説明

４.検索キーワード

５.SKU

商品名、商品仕様、商品説明の３項目は、商品ページに掲載されてお客様の目に触れる文章です。

検索キーワードとSKUの２項目は、商品ページではお客様の目に触れませんが、ステップ４の商品登録で入力する項目です。

それでは下書きの５項目の作り方について、ひとつずつ一緒に考えていきましょう。

手順１　下書きの商品名の書き方

最初の下書きは商品名です。商品名は、下の画像のように商品ページの冒頭に表示されます。

商品名に入力できる文字数は最大50文字というルールがあります。（※ 一部のファッションカテゴリーは65文字です）また、商品名に書く内容は、次の３項目を順番通りに書くこととAmazonの規約で決まっています。

1.ブランド名　例 [GABiT][ガビット]

2.商品種別　例 ワンピース

3.対象年齢や性別　例 レディース

この３つ以外のことを書くと、規約違反としてAmazonからペナルティを科される場合もあるので注意が必要です。たとえば商品タイトルに「おすすめ」や「お得」などの宣伝文句を書くことは絶対にやめましょう。単語と単語の間は半角スペースで区切ります。この半角スペースも一文字分としてカウントされます。

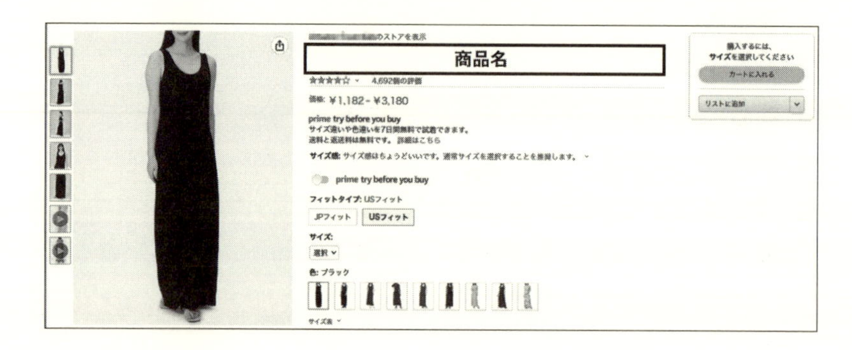

✓ブランド名は英字表記のみでOK

Amazonの規約では、ブランド名は正式名称のほかにかっこ書きで読み仮名を全角カタカナで書くことが推奨されています。これはお客様がブランド名をカタカナで検索することがあるためです。

しかし読み仮名を書くことで制限文字数の50文字の多くを使ってしまいます。ブランド名の読み仮名は必須ではないので、英字表記のみを書くことで文字数を節約して、できるだけ詳細な商品情報を伝えましょう。

Amazon推奨例　[GABiT][ガビット]ワンピース レディース

文字数節約例　　[GABiT] ワンピース レディース

上記の文字数節約例の場合、50文字まではまだ余裕があります。そこで、「商品の形状」や「対象年齢や性別」「色・サイズ」などをキーワードに追加しましょう。

例えばワンピースの場合は「Aライン／Ⅰライン」「半袖／長袖」「ミディ丈／ロング丈」「子供用／大人用」などを入れます。

これらのキーワードを追加すると、次のような商品名となります。

例　[GABiT]ワンピース Aライン 半袖　ロング丈 チェック柄 ブルー リネン レディース

このように商品名に情報を追加していくことで、商品の詳細をお客様に伝えることができ、興味を持ってもらいやすくなります。

手順2　下書きの「商品仕様」の書き方

商品仕様は、商品名の少し下に表示されます。

商品仕様には、主に以下の４つの要素を箇条書きで表記します。

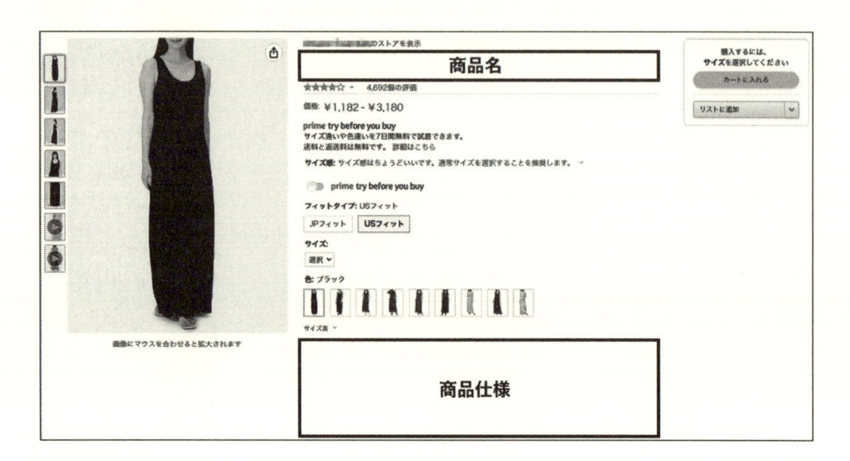

・原産国

・素材

・サイズ

・商品の特性

これら4つの要素を一行あたり100文字以内で、合計五行まで入力することができます。

入力する際のルールとして以下の4つがあります。

1. 具体的に書く

2. 数字は半角で入力する

3. 文章は短く区切る

4. 寸法は単位を書く

これらルールに則った項目の記入例をご紹介します。

《原産国の記入例》

原産国:中国

《素材の記入例》

素材:ポリエステル80%、レーヨン20%

素材は、アリババの販売ページに記載されている内容を参照します。不明な場合は、輸入代行業者を介してアリババの工場に問い合わせましょう。複数の素材を使用している場合は、使用割合を○○%で表記します。

《サイズの記入例》

サイズ:【M】胸囲106cm 肩幅40cm 着丈118cm 【L】胸囲110cm 肩幅41cm 着丈119cm

サイズごとになるべく細かく記入しましょう。単位はcmで表記するのが一般的です。サイズ名を囲う時は、( )ではなく【 】を使うと視覚的なメリハリが生まれ、お客様が読みやすくなります。

《商品の特性の記入例》

裏地はありません。ファスナーで閉じるタイプです。

【カラー】3種類(ブラック、ホワイト、レッド)

商品の特性には、商品の形状、着心地、素材、色などを具体的に記入します。例えば、「かわいい」「人気」などの主観的な内容は具体性に欠けると見なされ、Amazonから規約違反と指摘される場合があります。客観的な事実のみを記入しましょう。

✓すでにAmazonで売れている商品を参考にしよう

一行100文字で五行をフル活用して、お客様に商品の魅力・価値・機能・メリットをできるだけ詳しく伝えることで、お客様の購買意欲を掻き立てます。全てを入力してもまだ文字数に余裕がある場合は、Amazonの類似品の商品ページに記載されている情報を参考に、自分の商品にも追加できる情報があるかをチェックしましょう。

手順3　下書きの「商品説明」の書き方

「商品説明」は、商品ページ内の「商品仕様」の下に表示されます。「この商品に関連する商品」欄や「登録情報」欄などが間に表示されることもあります。

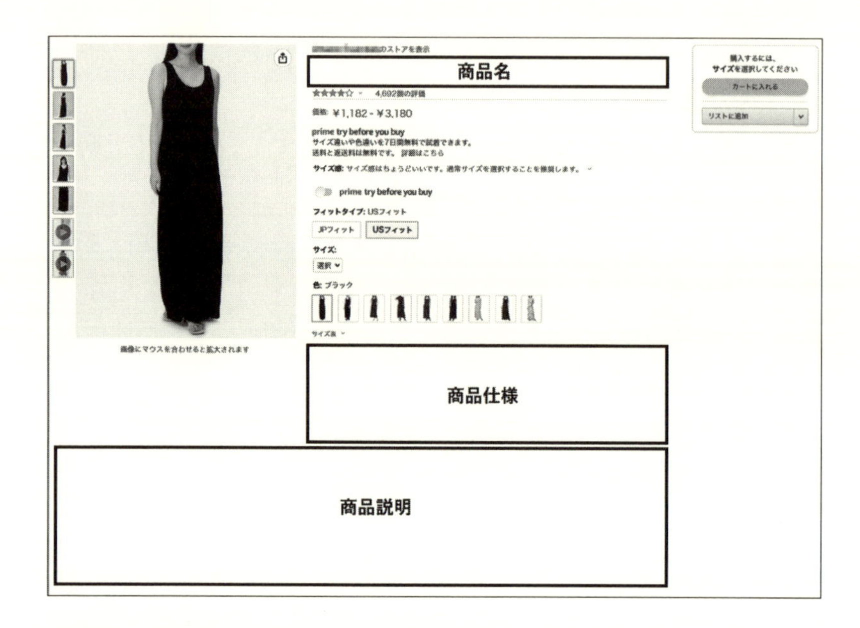

✔商品説明のルールを把握する

商品説明は、以下のことをしないように注意しましょう。

●情報を未入力のままにしない

●店舗名、eメールアドレス、webサイトURLなどの情報は記載しない

●セール、配送無料などプロモーションに関する情報は記載しない

●箇条書きのリスト形式では記載しない

商品仕様の欄は箇条書きで簡潔であることが求められましたが、商品説明の欄では箇条書きではなく文章として書くことが推奨されています。Amazonが推奨するのが「商品の印象」「使用感」「メリット」「使用用途」「スタイル」といった主観的な内容です。

また、購入後の心配を払しょくするような情報として「お手入れ方法」や「保証内容」を盛り込むこともすすめています。

☑「手に入れたあとの未来」を想像させよう

アパレル商品の購入を検討する際、お客様は「他人にどう見られるか」を想像します。そこで大切なのが、「手に入れた後の未来」を文章で伝えてあげることです。その服を着たら周りの人はどんな印象を受けるかをイメージしてみましょう。

例えば、そのレディースのワンピースの商品説明文を考える場合、都会でスタイリッシュ、女の子らしいフェミニン、高級感のあるエレガントなど、その商品のデザインや特徴によって伝える文章の内容も様々です。

ただ、それをファッションの知識に自信のない初心者が一から考えるのは難しいでしょう。

そこで、自分の商品に相応しい言葉を、いろいろなファッションサイトやスマホアプリのコーディネート例を参考に考えてみましょう。Googleで「ワンピース　コーディネート」などと検索すれば、ワンピースのコーディネート例を紹介しているファッションサイトを簡単に見つけられます。具体的なコーディネートを提案してあげることで、お客様が商品を手に入れた後の未来のイメージが膨らみ、購買意欲も刺激されやすくなります。

手順4　下書きで検索キーワードを設定しよう

お客様がAmazonで欲しい商品を見つける際には、検索窓に単語を入力して商品ページまで辿り着くことが多いです。

例えば、ワンピースが欲しい場合は、「ワンピース　レディース半袖」のように、単語を入力するでしょう。

お客様の単語と、あなたが商品登録する際に設定した商品タイトルや「検索キーワード」の内容が一致した場合に、検索結果一覧にあなたの商品が表示されます。

つまりお客様が商品検索によく用いる単語を検索キーワードとして設定することで、あなたの商品ページの露出が増え、商品ページを訪れるお客様も増えることで、商品も売れやすくなります。

検索キーワードは商品ページには表示されませんので、お客様が読むことはありませんが、売上を大きく左右する重要項目なのでしっかり考えましょう。

検索キーワードのルール

検索キーワードを決める際には、お客様がよく用いる単語を選ぶことが重要ですが、守るべきルールがあります。どんな検索キーワードでも登録していいわけではありません。Amazonは、検索結果に最適な情報を表示するため、次のようなキーワードの登録を禁止しています。

- **間違った商品カテゴリー**
- **商品と無関係なキーワード**
- **誤解を招くような情報**
- **他社のブランド名**
- **「最新」や「期間限定」などの一時的な表現**
- **「素晴らしい」「最高」「安い」などの主観的な表現**

また、検索キーワードの単語と単語の間は、「半角スペース」で区切ります。Amazonでは、「,」「、」などの記号や「全角スペース」で句切ることは推奨されていません。また、同じ単語を繰り返し登録する必要はありません。

検索キーワードは全角125文字以内が目安

ファッションカテゴリーの商品については、検索キーワードは、250バイトまでのデータ容量の文字数までと制限されています。全角一文字は2バイトのデータ量を使うので、250バイトだと全角で

125文字になるのが一般的です。しかしAmazonの場合は、日本語の全角一文字を平均3バイト相当として算出しているため、**使える文字数は90～120文字程度が目安です。実際に入力して登録上限バイト数を越えてしまう場合には、不要な単語から順番に削除していきましょう。**

また、実際の商品登録画面の検索キーワード入力欄は、一行もしくは五行になっています。一行の場合は、そこに250バイト分の文字が全て入力できますが、五行に分かれている場合は、一行50バイト以内×五行となり、合計が250バイト以内となります。

上限の250バイトを超えた場合、設定した検索キーワード全体が無効となり、登録ができないので注意が必要です。

✓検索キーワードをAmazonに教えてもらおう

どんな単語でお客様が商品を検索するのかを知っているのは、あなたではなくAmazonです。よく使われる検索キーワードはAmazonのwebサイトのトップにある「検索ボックス」で調べることができます。

やり方は簡単です。あなたの商品名に使っているキーワードをひとつ入力すると、検索ボックスの下に「おすすめの検索ワード」が表示されます。

「おすすめの検索ワード」を見てみよう

関連キーワードをAmazonが表示してまでおすすめしているとい

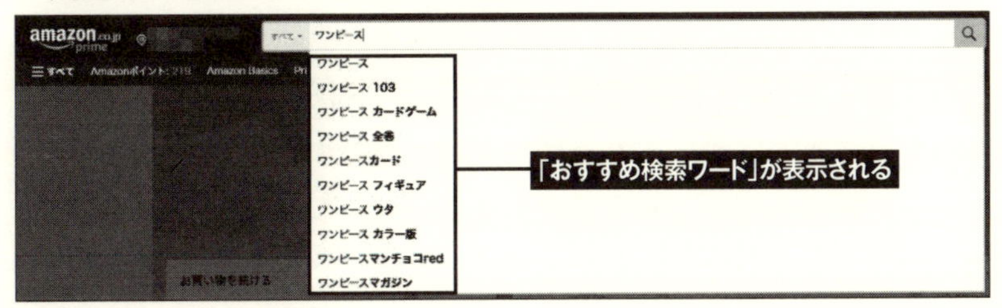

うことは、そのキーワードで検索している人が多いということです。つまり、この「おすすめの検索ワード」を検索キーワードとして登録していけばいいのです。

ただし、あなたの商品に関係のあるキーワードのみを選択するようにしてください。商品と無関係なキーワードを検索キーワードとして用いることはAmazonが禁止しています。

✓カテゴリーを絞ることで、別の検索キーワードが見つかる

商品と無関係なキーワードが多く表示される場合は、カテゴリーを絞りましょう。検索窓の左側にある「すべてのカテゴリー」をクリックするとプルダウンメニューが出てきて、カテゴリーを選択できます。

プルダウンメニューからカテゴリーを絞る

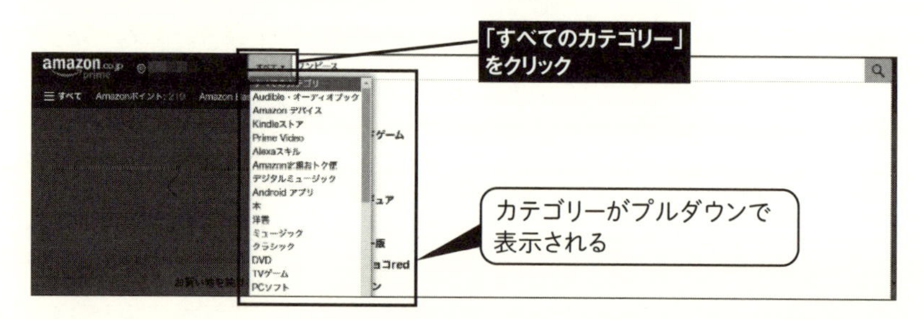

例えば、ファッションのカテゴリーで「ワンピース」と検索すると、「レディース」「夏」「ゆったり」「黒」「秋」「キッズ」「半袖」「ロング」といった単語が表示されました。

これらの中から、あなたの商品に関連する単語を選び、検索キーワード欄に入力すればいいのです。同一の単語でも検索するカテゴリーを変えると、表示される検索ワードも異なります。複数のカテゴリーで検索して、より多くの関連するキーワードを見つけましょう。

手順5　SKUで商品管理をしよう

SKUは、Stock Keeping Unit（ストック・キーピング・ユニット）の略で、商品の品目数を数える際の単位として使われます。簡単にいうと、商品管理をしやすくするために、色やサイズなどのバリエーションごとに付与する番号です。

例えば、ワンピースで色がブラック/ホワイトの２色、サイズがS/M/Lの３種類で展開する場合、それぞれを１バリエーションとして数えると、SKUは2色×3サイズで合計6バリエーション＝6SKUとなります。SKUを見るだけで、どの商品のどのバリエーションなのかがすぐにわかります。

SKUは、商品ごとに自由に決めることができます。自分で指定しないとAmazonが自動生成して、ランダムな英数字になります。後から変更しようと思っても、一度付与されたSKUは変更することができません。下書きを作るタイミングでSKUも考えておくことをおすすめします。

✓SKU登録時のルール

SKUの登録には、英数字、日本語のひらがな、漢字、一部の記号などが使えます。お客様の目に触れることもあるため、意味が伝わりにくい英数字で表記することをおすすめします。

情報の区切りに「.」「-」「_」といった記号を用いると、それぞれの情報が見やすくなります。文字数の制限は、半角40字までです。

✓商品管理を楽にする３つの情報

私のおすすめは、以下の情報をSKUに取り入れることです。

・商品識別のための名前

・バリエーション

・仕入れ値（中国元）

これらの情報を盛り込んだSKUの例がこちらです。

それぞれについて解説していきましょう。

①商品を識別するための名前

商品を識別するための名前は、あなたが見てどの商品なのかがわかることが大切です。この例では、初めて仕入れたワンピースだということがわかるように「ONP1」としました。商品点数が増えてきて、ワンピースだとわかるだけでは商品の区別がつきづらい場合には、Vネックや花柄などの特徴を名前に盛り込むとよいでしょう。

②色

色は省略して表記する場合が多いです。ただし黒のBLACKと青のBLUEは冒頭２文字が同じ表記となるため、省略するとわかりにくくなります。SKUは半角40文字まで入力できるので、無理に省略する必要はありません。もし省略したい場合は、次ページの表などを参考にあらかじめ省略のルールを決めておくとよいでしょう。くれぐれも黒と青の両方をBLで表記しないように注意してください。

色の省略表記の例

黒	Black	BK	灰	Gray	GR	青緑	Turquoise	TQ
茶	Brown	BR	桃	Pink	PK	水色	Aqua	AQ
赤	Red	RE	透明	Clear	CL	青銅色	Bronze	BZ
青	Biue	BL	飴色	Tan	TN	薄紫	Lavender	LV
紺	Navy	NV	金	Gold	GD	栗色	Marron	MR
緑	Green	GR	銀	Silver	SL	檸檬	Lemon	LM
紫	Puple	PL	薄茶	Beige	BG	橙	Orange	OR
黄	Yellow	YL	薄灰	Ash	AS	白	White	WH

③サイズ

サイズ表記は、特に工夫する必要はありません。SやMなどのサイズ表記をそのまま記入しましょう。なお、XLとLLは同じ意味です。日本ではLL、アメリカなどではXLと表記することが多いようです。同じようにXXLは3L、3XLは4Lを意味します。

④仕入れ値

販売者側がSKUを頻繁に目にするタイミングは、お客様の購入を確認する注文管理画面になります。SKUに仕入れ値が記載されていると、商品が売れた際に「この商品は仕入れ値が○○元だから、約○○円の利益が出た」と簡単に目安が計算できます。

仕入れ値は中国元で記入します。その理由はふたつあります。ひとつ目は、為替レートの変動によって日本円の仕入れ値が変わってしまうためです。ふたつ目は、お客様がSKUを納品書などで見た際に、仕入れ値だとわからなくするためです。

4 商品画像の基本を知ろう ～画像加工指示書の準備～

お客様は「商品画像」を一番よく見る

商品の第一印象は商品画像の良し悪しで決まります。検索結果にも表示されますし、商品ページを開いて真っ先に見るのも商品画像です。

文字ばかりの長編小説は読まなくても、絵から内容が理解できるマンガは見るというひとが多いように、商品説明を読まなくても、商品画像はチェックするというひとがほとんどです。商品画像に力を入れることで、お客様に商品の魅力をしっかりと伝えましょう。

✓商品画像は、自分で撮影する必要はない

商品画像に使用する画像素材を用意するお話をすると「一眼レフカメラは買ったほうがいいですか？」という質問をよくいただきます。答えはＮＯです。

画像素材は、仕入れ元であるアリババの商品ページに掲載されている商品画像を使わせてもらえばいいのです。工場は自社の商品をたくさん売りたいので、商品画像の転用を問題視しないケースがほとんどです。もし心配ならば、輸入代行業者を通じて質問しましょう。画像素材はできるだけたくさん集めることをおすすめします。多くの選択肢の中からあなたの商品の魅力が伝わりやすい画像素材を選んで使いましょう。

✓オリジナルの商品画像は、売行のよい商品から

もちろん、商品ページを作るにあたって商品画像が大切なのはその通りです。新しいスキルを身に着けようとする姿勢や、いい道具を揃えようとする自己投資の考え方も素晴らしいと思います。

しかし、商品リサーチをして売れやすい商品を仕入れているとはいえ、まだ売上が立っていない段階です。まずは最小限の時間とコストで売れる商品ページを立ち上げることを優先させましょう。

そののち、よく売れている商品の売上をさらに伸ばすための施策として、自作の商品画像を用意するのも選択肢のひとつでしょう。しかしその場合も、プロの方に撮影を依頼することをおすすめします。なぜならば、商品の現物を手に取ることのできないインターネット通販では、お客様は商品画像で購入するかどうかを判断するからです。画像の良し悪しによって売り上げは大きく変わります。プロが撮影した画像で魅力的な商品ページを作りましょう。

✓餅は餅屋、画像加工はwebデザイナーに任せよう

Amazon中国輸入ビジネスはパソコンを使用するため、パソコンが苦手なひとは敬遠しがちです。しかし、実際はパソコンが苦手でも稼いでいるひとが大勢います。その理由は、専門知識が必要になるような作業は外注すればいいからです。専門ソフトが必要な画像加工もそのひとつです。

自分で長い時間をかけて画像加工のスキルを学ぶより、すでに知識も経験もあるwebデザイナーに外注することをおすすめします。なぜなら、複数の画像を組み合わせたり、文字を載せたり、色や線で装飾することで、お客様の購買意欲を刺激するような、魅力的な商品画像を短時間で用意できるからです。餅は餅屋に任せ、デザインが苦手なひとも安心して中国輸入ビジネスに取り組みましょう。

メイン画像・サブ画像・色見本画像の3種類がある

「商品画像」は商品ページの中でも重要な項目のひとつです。下の図のように、商品画像にはメイン画像、サブ画像、色見本画像の３種類があります。サブ画像にカーソルを合わせると、大きな画像の表示が切り替わります。

これから画像について詳しく見ていきましょう。

✔メイン画像でお客様の目を引き付ける

Amazonにはたくさんの商品が売られています。その中からあなたの商品を選んでもらうには、まずお客様の視界に入ることが重要です。もちろん視界に入るだけでは売れません。検索結果一覧ページからあなたの商品をクリックして商品ページに入ってきてもらう必要があります。

検索結果一覧ページに表示される画像がメイン画像です。お客様が商品ページに入るかどうかを決める重要な判断材料になります。お客様の関心を引くような、魅力的な画像を使いましょう。

●メイン画像の基本ルール

Amazonの検索結果一覧ページには、見た目の統一感があります。その理由は、全ての商品のメイン画像に細かいルールが定められているからです。ルールを破ると、Amazonからペナルティを受ける可能性があるので注意しましょう。

《メイン画像に求められる要件》

・商品を正面から撮影した画像であること
・商品以外は映っていないこと
・商品の全体が映っていること
・商品の画像占有率は画像全体の85%以上であること
・商品だけを切り抜いた画像であること
・商品の背景色のRGB値が255,255,255の純粋な白であること
・縦か横のいずれか一辺の数値が1001ピクセル以上であること
・画像ファイル形式がJPEG（.jpg)、TIFF(.tif)、GIF(.gif)のいずれかであること

《禁止事項》

・合成された画像を使用すること
・ブランドのタグ、パッケージを一緒に撮影すること
・文字や色見本など装飾を入れること
・イラストやＣＧ画像を使用すること
・原則マネキン・ハンガーを使用すること

アパレル商品に関しては、モデルが着用した画像も例外的に認められています。ただし立ちポーズ限定です。モデルが座ったポーズの画像は認められません。また、スポーツウェア、水着、レッグウェア、下着に限りマネキンの使用も可能です。

☑メイン画像は、白抜きの画像加工をする

前ページの《メイン画像に求められる要件》にあるように、メイン画像は、商品だけを切り抜き、背景が「純粋な白」である必要があります。Amazonが求める「純粋な白」は、RGB値を「255・255・255」に設定した色のことです。RGB値とは、デジタルで色を表現するときに用いられる方法で、画像処理ソフトでRGB値を指定することで表現する色を自在に変えることができます。

手元の画像の背景色が見た目は白であったとしても、RGB値が「255・255・255」になっているとは限りません。そのため、画像を切り抜いて、背景色をRGB値できちんと指定するほうが安全です。このように背景色を「純粋な白」にする画像加工のことを「白抜き」といいます。

サブ画像で商品の魅力を伝えよう

検索結果一覧ページのメイン画像から興味を持ち商品ページに入ってきたお客様は、商品ページ内のサブ画像に目を通します。サブ画像で商品の魅力を余すことなくお客様に伝えましょう。

サブ画像は、メイン画像ほどルールで縛られていません。背景が白でなくとも構いませんし、文字やイラストを用いて商品の魅力をさらにアピールすることも可能です。

また、全てのサブ画像にあなたのブランドのロゴマークを小さく掲載することをおすすめします。なぜなら、他者に無断で商品画像を転用されることを防止するためです。転用されるのは、あなたの作った商品画像がそれだけ魅力的なものだという証なのですが、無断で使用されるのは気持ちのいいものではないでしょう。そうならないように、ブランドのロゴマークを掲載して抑止力を高めましょう。

✓サブ画像の基本情報と禁止事項

《サブ画像の基本情報》

・最大８枚まで登録が可能
・スマホでは１枚目から６枚目までのサブ画像のみ閲覧可能。PCでは８枚全てが閲覧可能
・実際に販売している商品の画像が掲載されていること
・縦か横のいずれかの一辺の数値が1001ピクセル以上であること

《サブ画像の禁止事項》

・商品の評価やカスタマーレビューのグラフなどを入れること
・セール、割引率、激安、送料無料などの宣伝文句を入れること
・お届け対象地域など商品と関係のない画像を入れること

✓サブ画像のコンセプトを考える

商品画像はメイン画像1枚＋サブ画像8枚の合計9枚が登録できます。商品ページにアクセスした際に最初から表示されている画像がメイン画像、2枚目以降がサブ画像になります。各サブ画像では、どんな内容を伝えるのかコンセプトを考えます。商品ページの下書きで作成した「商品名」「商品仕様」「商品説明」にて文章で紹介した商品の魅力・価値・機能・メリットなどを、各サブ画像に落とし込んでビジュアルで繰り返しお客様に伝えます。

ここからは各サブ画像のコンセプトについて具体的に考えていきましょう。

お客様は3秒しか画像を見ない

あなたもスマートフォンを使ってAmazonなどのECサイトで買

い物をした経験があると思います。どの商品を買おうかと考えているときに、たくさんの商品画像にを目にしたことでしょう。スマートフォンの画面に映る商品画像を何気なく眺めながら指先で順番に画像をスワイプしています。そのときに一枚の画像を見ている時間は何秒くらいでしょうか？ おそらく３秒程度でしょう。

あなたの商品を買おうかと考えているお客様も同様です。つまり、３秒で商品の魅力・価値・機能・メリットなどをお客様に伝える必要があるのです。

だらだらと長い文章は3秒では読み切れず、お客様に商品の魅力が伝わりづらくなります。それどころか長い文章に嫌気が差して他の商品ページに移ってしまうかもしれません。そもそも長文を読むことにストレスを感じにくいひとは、商品ページ内の文章をきちんと読み込んでいます。長文を読まないひとにも商品の魅力・価値・機能・メリットなどをきちんと理解してもらうために、サブ画像に文章を掲載する際は、一項目あたり一行12文字以内、なおかつ最大二行までがおすすめです。

画像は伝えたい内容から優先的に選ぶ

商品画像はメイン画像1枚＋サブ画像８枚の合計９枚まで登録できますが、お客様がスマートフォンで商品ページを開くと、メイン画像＋サブ画像６枚目までのみ表示されます。最近はパソコンよりもスマートフォンで商品を購入するお客様が増えているので、商品の魅力・価値・機能・メリットなどは、サブ画像６枚目までに優先的に伝えていくようにしましょう。

伝える内容は、基本的にサブ画像１枚目は商品の概要、サブ画像２枚目は主なアピールポイントを紹介します。サブ画像３枚目以降は、カラーバリエーション、着用イメージ（前・横・後ろから見た雰囲気)、ディテール(商品の詳細)、商品を使用するTPO(着用シーン)、サイズ表や商品の特性、自分ブランドのアピールポイントなどを伝えます。商品によって優先的に伝えるべき内容が異なるため、自分の商品をアピールするのにふさわしい画像を選びましょう。

サブ画像1枚目の例　商品の概要と着用イメージ

商品の検索結果一覧ページであなたの商品に興味を持ってくれたお客様に、より商品の魅力を知ってもらうために、サブ画像1枚目では商品の概要をお伝えしていきます。

まず掲載することは、「その商品を簡潔にいうと何か?」です。142ページで作成した商品名の例から考えてみましょう。

[GABiT]ワンピース Aライン 半袖 ロング丈 チェック柄 ブルー リネン レディース

ですから、この商品を簡潔に表現するなら、

→Aライン ロング ワンピース

などの三単語程度で簡潔にまとめましょう。

サイズ展開、色展開、セット内容などがある場合は、それらもきちんと記載しましょう。

モデルが商品を着用した画像がある場合は掲載しましょう。メイン画像のルールと異なり、サブ画像は背景色や背景画像を使用できます。それらの要素を上手に取り入れたモデルの着用画像を掲載することで、お客様は商品の魅力、雰囲気や使用する場面をよりイメージしやすくなります。

サブ画像1枚目の役割は、商品の概要を伝えて「この商品について、もっと詳しく知りたい」「2枚目の画像も見てみたい」とお客様に思ってもらうことです。商品の概要をわかりやすく伝えてサブ画像2枚目につなげましょう。

サブ画像2枚目の例　おすすめポイント

サブ画像１枚目では商品の概要を伝えました。サブ画像２枚目では、商品ページの下書きに記載した文章から、商品の魅力・価値・機能・メリットの主なアピールポイントを４つほどピックアップして掲載します。

前述の「３秒以内でお客様に商品の魅力を伝える」ことを意識して掲載する文章をまとめましょう。

サブ画像3枚目以降の例

・カラーバリエーションごとの商品画像

カラーバリエーションを商品写真と共に詳しく伝えます。全てのカラーバリエーションを見せることで、お客様は着用イメージを膨らませ、「自分にはどの色が似合うだろうか」と、無意識に選びたくなります。

・前・横・後ろの商品画像

「様々な角度から商品を見てみたい」というお客様の要望に応えるため、前・横・後ろなどの各アングルの商品画像を掲載します。サブ画像１枚目、２枚目に使用したものとは異なる画像素材を選ぶとよいでしょう。同じ画像素材ばかりを多用するとお客様が飽きてしまい、他の商品に目移りしやすくなります。アングルの異なる画像素材を使うことで、商品の細部の表情や魅力まで伝えましょう。

・細部のデザイン、機能、生地感

袖、裾、襟、ボタンなどの細部のデザイン性、チャックや防水性といった機能性、生地感が伝わる表面のアップ写真など、いわゆるディテールをクローズアップすることで、商品の詳細な魅力をお客様にしっかり伝えましょう。

・商品を使用するTPO（着用シーン）

TPOとは、Time（時間）、Place（場所）、Occasion（場面）を略した言葉です。「TPOをわきまえたファッション」という言葉がありますが、使用する時間、場所や場面に適したファッションを選ぶという意味です。

あなたの商品を着用するTPOを具体的に伝えることで、お客様は着用するタイミングや使用頻度の高さをイメージしやすくなり、商品の必要性をさらに感じてもらえるようになるでしょう。

・サイズ表や商品の特性

インターネットでアパレル商品を購入する場合、お客様は実際に試着してサイズ感を知ることができません。最適なサイズを選んで商品に満足してもらうために、商品画像にサイズ表を掲載することは非常に重要です。とはいえ優先度は低いので、サブ画像の６枚目に表示して、パソコンとスマートフォンどちらのお客様にも見てもらえるようにしましょう。

サイズ表とあわせて、お客様が気になる部分も掲載しましょう。例えば、裏地やポケットの有無、生地の伸縮性、厚みや透け感、サイズ感などをグラフにして表示しましょう。

・自分ブランドのアピール画像

あなたの商品を自分ブランド商品としてAmazonに認めてもらうには、商品自体にブランドロゴが印字されていることが必要です。物理的に印字が難しいアパレル商品などの場合は、ブランドロゴを印字した布タグを商品自体に縫い付けることで代用できます。また、商品自体を入れる包装袋にもブランドロゴの印字が必要です。

自分ブランドの商品であることが明確にわかる商品画像をサブ画像に掲載することで、他者の粗悪商品による不当な相乗り出品を抑止することができます。とはいえ優先度は低いので、サブ画像の８枚目に掲載しておきましょう。

5 画像加工の指示書の作成と発注

画像加工はwebデザイナーに任せよう

ここからは画像加工について具体的に説明していきます。本Chapter6（154ページ）で説明したように、自分で画像を加工せずに、技術と経験のあるプロのwebデザイナーに依頼しましょう。インターネットの外注サイトの「クラウドワークス」や「ランサーズ」などを利用することで、フリーランスや副業のwebデザイナーに割安な値段で依頼することができます。

画像加工指示書は必ず作成しよう

外注業者に画像加工を依頼する際には、「画像加工の指示書」の作成をおすすめします。

例えば「都会的でスタイリッシュでポップなイメージで商品画像を作ってほしい」と口頭で依頼しても、残念ながらあなたのイメージ通りの画像はできあがらないでしょう。なぜなら、あなたが考える「都会的でスタイリッシュでポップなイメージ」を外注業者は見ることはできないし、理解できないからです。

あなたの完成イメージを的確に再現するには、100人の外注業者に依頼したら100人全員が同じ画像を作ることができるような明確な指示が必要です。そこで役立つのが、画像加工の指示書です。

画像加工の指示書は次のようなステップで作成していきます。

ステップ1	ステップ2	ステップ3	ステップ4
画像素材を集める	画像のコンセプトに沿った「フレーム画像」を探す	差し替える画像と文章を決める	webデザイナーに発注する

▍ステップ1　画像素材を集める

ステップ1は、商品の仕入れ先であるアリババの商品ページ内に掲載されている画像をダウンロードして画像素材を集めます。より多くの素材を集めたほうが様々な商品画像を作ることができるので、まずは商品ページ内に掲載されている画像を全てダウンロードしましょう。

例えば、アリババで販売されている、とあるレディースのワンピース商品では、次のような画像素材がダウンロードできます。

アリババでダウンロードできた画像

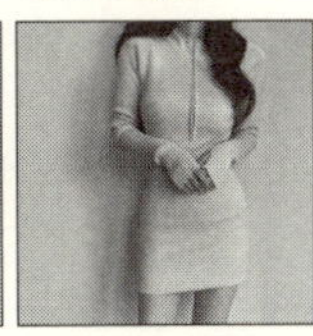

▍ステップ2　画像のコンセプトに沿った「フレーム画像」を探す

ステップ1で画像素材をたくさん集めました。では、どの画像素材をどのように使えば、画像のコンセプトを的確に伝えることができるでしょうか。

例えばサブ画像1枚目のコンセプトは「商品の概要と着用イメージ」を伝えることです。

商品の概要とは、

・その商品を簡潔に表現する言葉
・サイズ展開
・色展開
・セット内容

などです。これら全てを画像１枚で伝えます。

まずはこれら全てを伝えている画像をインターネット上で見つけましょう。それが、あなたの商品画像の構図（骨組み）の見本になります。私はこれを「フレーム画像」と呼んでいます。フレーム画像の構図はそのまま生かしつつ、画像や文章を自分の商品の画像や文章と差し替えるだけで、あなたの商品画像が完成します。

今回はこちらの画像をフレーム画像として使っていきます。

フレーム画像

ステップ3　差し替える画像と文章を決める

ステップ３では、具体的な画像と文章の差し替え方をフレーム画像を使って説明します。

画像加工の指示内容をわかりやすくするために、フレーム画像内の画像と文章に四角の枠線を書き込み、各枠に名前をつけます。例えば、文章を差し替える部分は①枠、②枠、③枠などの数字で区別し、画像を差し替える部分はA枠、B枠などの英字で区別しましょう。また、全ての枠線を異なる色で書き込むと、さらにわかりやすくなります。

フレーム画像の差し替え部分に英数字をつける

枠線を画像に書き込むのは、パソコンに標準搭載されている無料アプリを使います。Windowsの場合は「ペイント」、Macの場合は「プレビュー」を使いましょう。

まず、具体的な文章の差し替え方を見ていきましょう。

①枠は、商品の概要を簡潔に伝えている部分なので、あなたの商品を簡潔に表現している言葉と差し替えましょう。例えば、165ページで取り上げた商品は「リブニット素材のミニワンピース」なので「Rib Knit Mini One-Piece」となります。

②枠は、カラーバリエーションを伝えている部分なので、あなた

の商品のカラーバリエーションを掲載しましょう。「ブラック・ホワイト」などの文字情報で伝えるのではなく、色見本を見せるようにすると一目瞭然です。

③枠は、サイズ展開を伝えている部分なので、あなたの商品のサイズ展開を掲載します。例えば、Sサイズ・Mサイズ・Lサイズ・XLサイズまで4サイズある商品ならば、「4 Size S～XL」と掲載すると瞬時に伝わり、お客様が長い文章を読む手間が省けます。

次に、具体的な画像の差し替え方を解説します。

フレーム画像例の画像では、A枠・B枠ともにモデル着用画像が掲載されています。ステップ1で集めた画像素材から、A枠・B枠に差し替える画像を選びましょう。今回は集めた画像素材から色違いのモデル着用画像を二枚掲載します。立ち姿の全身がわかるモデル着用画像を掲載することで、着用した際の全体的なイメージが伝わりやすくなります。

差し替える画像素材もメインフレームと同じ枠色で囲むことで、外注業者に指示内容が伝わりやすくなり、画像加工もスムーズに進みます。

そして、今回のフレーム画像を使った、画像加工の具体的な指示内容は、次のようになります。

（差し替え指示例）

①の英文を「-Rib Knit- Mini One-Piece」に変更してください。「-Rib Knit-」「Mini」「One-Piece」の三行で表示してください。

②のカラーバリエーションは、全部で三色（ブラック、ホワイト、ブルー）ですが、画像素材を参照して商品自体の色味に近づけてください。

③の内容を「Size S～XL」に変えて、二行で表示してくだい。

A：画像素材の1-Aと入れ替えてください。

B：画像素材の1-Bと入れ替えてください。

1-Aと1-B：人物を白抜きしてください。

その他：③の下の空いているスペースに「GABiT」のロゴを掲載してください。

フレーム画像

完成画像

画像加工の指示書を作成したら、使用するフレーム画像と商品の画像素材などをまとめましょう。この時、枠線を記載していないメインフレーム画像も一緒に用意しておくようにします。枠線の記載がないフレーム画像のほうが、webデザイナーが見た時に全体の雰囲気をつかみやすく、自分が描いている画像のイメージが伝わります。

■ ステップ4　画像加工の指示書をwebデザイナーに送り、発注する――

「クラウドワークス」や「@SOHO」などの外注サイトには、仕事を請け負いたいフリーのwebデザイナーが大勢登録しています。あなたがサイト上に仕事の依頼内容を掲載すると、数日でwebデザイナーからの応募が集まるでしょう。

それぞれの応募者と連絡を取り、過去に作成したサンプル画像を見て実績を確認します。その後、こちらの画像加工の指示書をシェアして見積もりを取ります。画像加工の指示書があることで、作業内容が明確になり、交渉もスムーズに進むでしょう。画像加工の料金は加工の難易度や手間、webデザイナーの実績によっても様々です。依頼内容が明瞭で難度が低く、手間がかからなければ、一枚あたり1,000円未満で依頼できる場合もあります。複数の応募者に相見積もりを取ることで、自分の理想のwebデザイナーを見つけましょう。

画像加工の指示書はスプレッドシートを使うと便利

画像加工の指示書はGoogleスプレッドシートで作ることをおすすめします。なぜなら、Googleスプレッドシートとはインターネット上でデータを管理するExcelファイルのようなものなので、作成した指示書をクラウド上で簡単に外注業者と共有できます。指示書の内容は画像加工の作成途中で修正する場合もあるため、修正した指示書を何度も送信すると作業が煩雑になり、誤りも起こりがちになります。スプレッドシートを使えば、指示書を毎回送信する必要がなく外注業者とのやりとりが円滑になります。

✓画像加工指示書は1シート1商品で作成する

Googleスプレッドシートはひとつのファイルの中に複数のタブ（シート）を作成することができます。画面左下の「+」マークをクリックすることで、タブを増やすことができます。

タブの名前をダブルクリックすることで、名前を変更することができます。各タブに商品名などの名前をつけると、どの商品の指示書なのかを区別しやすくなります。

「+」マークでタブを増やす

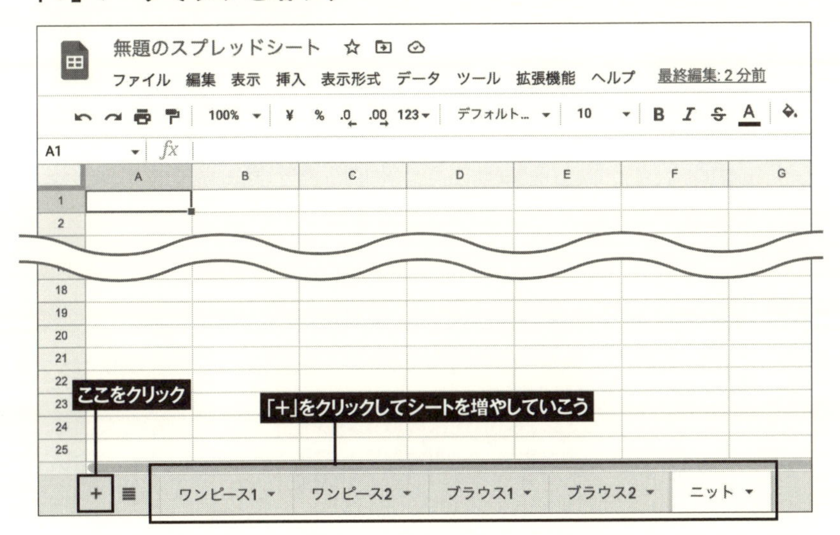

1商品ごとにひとつのシートに指示内容をまとめることで、複数の商品の画像加工をまとめて依頼する際にも管理しやすくなります。

私が作った「画像加工の外注指示書」のひな型を、本書の読者プレゼントとして用意しています。このひな型を使うことで、外注業者への指示がよりスムーズになります。右記のQRコードから受け取り、ぜひご活用ください。

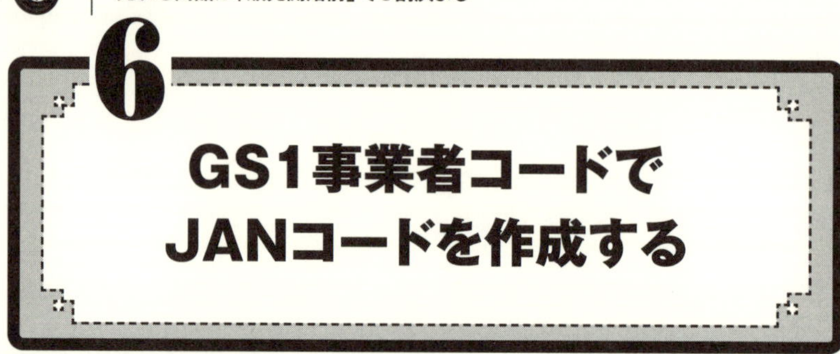

6 GS1事業者コードでJANコードを作成する

GS1事業者コードでJANコードを作成する

Chapter２でも説明しましたが、Amazonで商品を登録する際には「JANコード」の入力が必須になります。

JANコードの作成には、GS1事業者コードが必要です。GS1事業者コードの事前準備については、Chapter２の54ページをご確認ください。では、実際に13桁のJANコードを作っていきましょう。

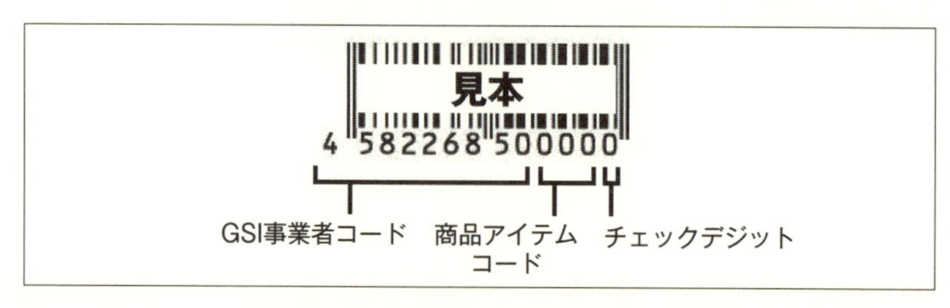

JANコードの「商品アイテムコード」は自分でつける

13桁のJANコードのうち、最初の9桁がGS1事業者コードになります。それに続く3桁の「商品アイテムコード」は、あなた自身で付与していきます。

ひとつの商品でもバリエーションが複数あれば、各バリエーションに別々のJANコードを付与します。例えば、リブニットのワンピースをブラック、ホワイト、ブルーの３色、S～XLの４サイズで展開する場合、３色×４サイズ＝12バリエーションなので、JANコードが12個必要になります。

商品アイテムコードをつける際は、管理がしやすいように001から順番につけていくことをおすすめします。重複しないように注意して番号をつけていきましょう。

✓JANコードのチェックデジットを調べる

JANコードの最後の一桁は「チェックデジット」といい、番号の読み誤りをチェックするための数字です。

チェックデジットは、「GS1事業者コード」と「商品アイテムコード」をもとに特殊な計算式を用いて算出します。自分で計算することもできますが、流通システム開発センターのWebサイト上にある「チェックデジットの自動計算入力フォーム」を使うと便利です。

チェックデジット以外の12桁の数字をひとつひとつ入力すると、そこに対応するチェックデジットの数字が表示されます。

チェックデジットの自動計算入力フォーム

チェックデジットの自動計算入力フォーム

計算したいコードの入力欄に、GS1事業者コード、商品アイテムコード等を半角数字で入力し、「計算」ボタンをクリックしてください。チェックデジットが自動計算されて表示されます。
計算結果につきましては、各事業者の責任のもとでご利用ください。

コードの種類	入力欄	チェックデジット表示欄
GTIN（JANコード）標準タイプ（13桁）	12桁を入力　計算	

流通システム開発センター：
https://www.gs1jp.org/code/jan/check_digit.html

✓JANコードは一覧にして管理する

これから販売する商品全てにJANコードを付けていくので、商品の種類が増えるほどJANコードの管理も煩雑になっていきます。そのため、商品登録と同時に一覧表を作成し、JANコードを管理しましょう。

JANコード、商品名、色やサイズのバリエーション、SKU、商品の特徴などを明記しておくと、管理しやすくておすすめです。

実際に商品管理に利用できる便利なエクセル表を、読者プレゼントにしました。流通システム開発センターのWebサイトで1商品ずつ手入力して調べなければならないチェックデジットの計算が、このエクセル表を使えば999商品分がたった10秒で完了します。3桁の商品アイテムコードもどこまで使用したか一目瞭然で、管理も簡単です。

また実際に商品を販売する際のセラーセントラルでの商品登録の方法とFBA倉庫への納品手続きについても、詳しい手順を画像入りで解説したものを読者プレゼントとして用意しています。下記のQRコードから受け取って役立ててください。

これでAmazonの商品登録に必要なものは全て揃いました。これらの情報と素材をもとにAmazonのセラーセントラルで商品登録を進めていきましょう。商品登録が完了すれば、いよいよあなたの自分ブランド商品の販売がスタートです。

Chapter 7

AIを活用して魅力的な商品ページを作ろう

中国輸入ビジネスでAIを活用しよう

「AI」は、artificial intelligence（アーティフィシャル・インテリジェンス）の略で、日本語では人工知能という意味です。今のところAIに統一された定義はありませんが、一般的には「コンピューターが与えられたデータを解析、学習し、人間の知能のように判断や推測を行う技術」のことを指しています。

AIの進化は私たちの生活にも大きな変化をもたらしています。例えば、Apple社のSiriやAmazonのアレクサのような音声アシスタント、企業のWebサイトのFAQなどで見かけるチャット機能など、普段から何気なく利用している便利な機能も、AIを活用した身近な例といえるでしょう。

これまで人間が多くの時間と手間をかけて行っていた作業を、AIは驚異的なスピードで処理します。それをビジネスに活用すれば、業務の生産性向上、人手不足の解消などが期待できます。人間に与えられている時間はみな平等に一日24時間です。この限られた時間をさらに有効活用していくために「自分でなくてもできる作業は、AIに任せる」という選択肢が当たり前になるでしょう。

本章では、中国輸入ビジネスにおいてAIを活用することを考えてみたいと思います。

ChatGPTを活用する

「ChatGPT」のGPTは、Generative Pre-trained Trensformer（ジェネレーティブ・プリ・トレインド・トランスフォーマー）の略で、アメリカのOpenAI社が開発したAI技術を活用したチャットサービスです。2022年に公開されると世界中で大きな話題となり、わずか二カ月でユーザー数が一億人を突破したといわれています。また、日本での利用者も急増しており、すでに日本からOPenAI社のサイトへのアクセス数は一日に700万回を超えているといいます（2023年4月時点）。その利便性の高さから今後も利用者は増えていくでしょう。

ChatGPTには、有料版と無料版のサービスがあります。有料版には、無料版より安定的にアクセスができる、先行して新機能が利用できる、優先してサポートが受けられるといったメリットがあります。初めてChatGPTを利用するという場合は、まず無料版で試してみることをおすすめします。

ChatGPTは、高度なAI技術を駆使しており、まるで人と話をしているように、とても自然に会話が進んでいきます。例えば「〇〇について教えてください」と質問をすると、瞬時に見事な文章で回答してくれます。この機能を中国輸入ビジネスに活用することで、多くのメリットを得ることができるでしょう。

例えば、Amazonの商品ページに記載する商品説明文も、これまでは文章をいちから自分で考えるために多くの時間が必要でした。ところがChatGPTを利用すると、その商品を表すいくつかのキーワードを入力するだけで、瞬時に商品説明文ができあがるのです。

ただし、ChatGPTはインターネット上にある膨大なデータで学習し、それをもとに文章を作成しているため、もとになった情報に誤りがある可能性もあります。表示された内容を鵜呑みにしてそのまま使うのではなく、自分自身できちんと精査した上で使いましょう。

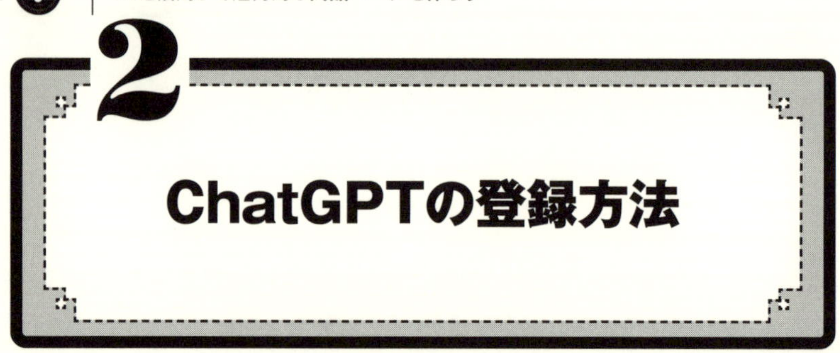

2 ChatGPTの登録方法

ChatGPTの登録手順

ChatGPTは、OpenAI社のWebサイトやスマートフォンの専用アプリから利用できます。基本的に登録方法はどちらでも同じです。ここでは、パソコンからの登録方法をお伝えします。

手順1

ブラウザ上部のバーにChatGPTのURL https:openai.com/chatgpt/を直接入力し、ChatGPTのトップページにアクセスします。うまく表示されない場合は、Googleで「chatgpt」とキーワード検索します。

Google Chromeの自動翻訳機能を使うと日本語で登録を進めることができます。

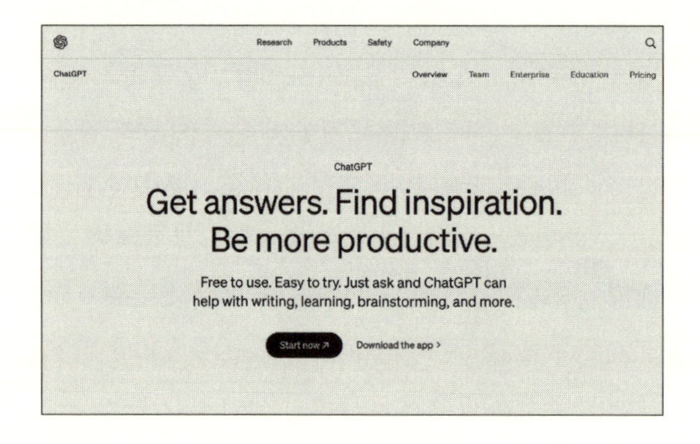

手順2

「ChatGPT」のトップページから、「今すぐ始める」をクリックします。

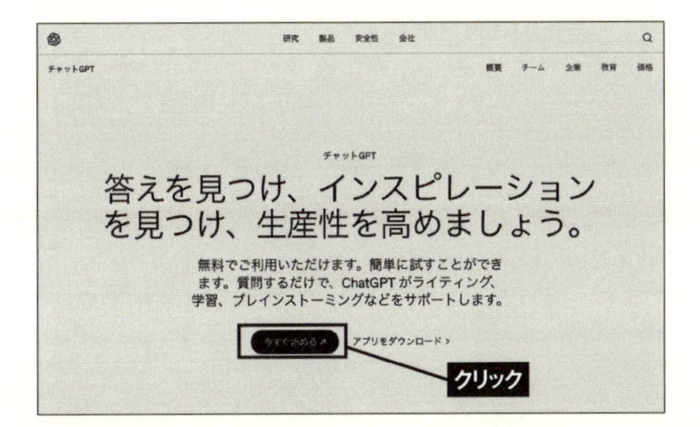

手順3

初めて使用する場合は、「サインアップ」をクリックします。

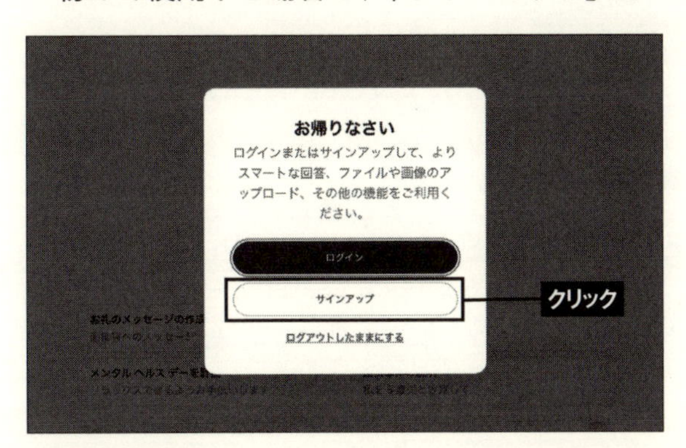

手順4

メールアドレスで登録するか「マイクロソフト」「グーグル」「アップル」のアカウントでログインします。ここでは、メールアドレスを入力する方法で説明を進めます。登録するメールアドレスを入力し、「続ける」をクリックします。

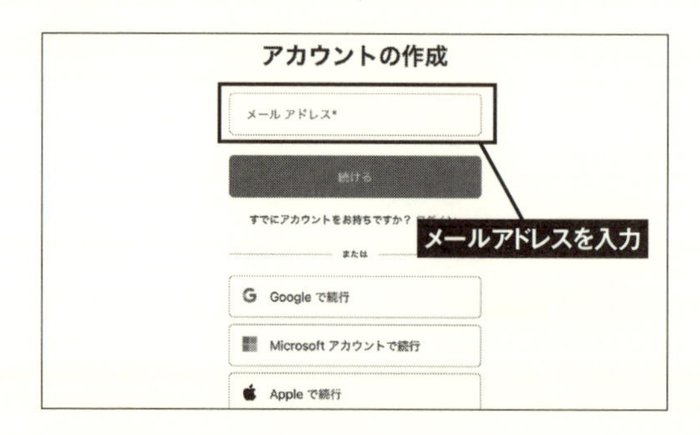

手順5

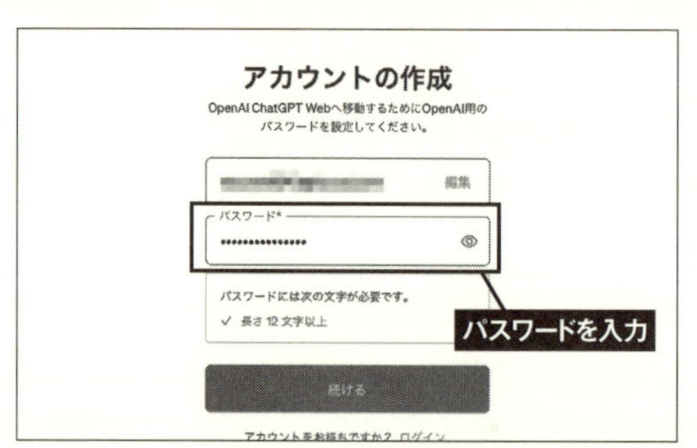

ログインに必要なパスワードを入力します。「続ける」をクリックします。

手順6

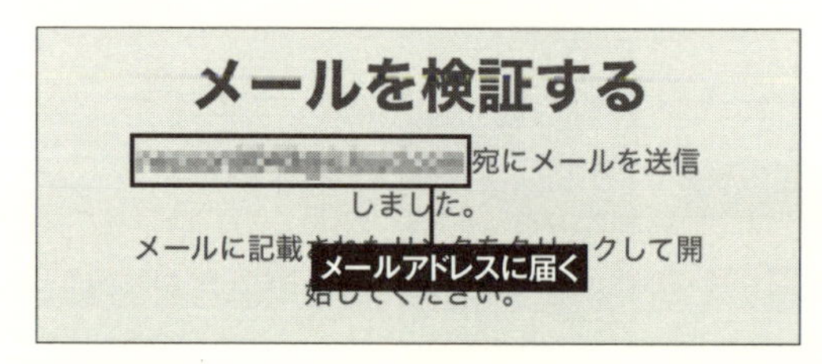

画面が左の画像に切り替わり、入力したアドレスにメールが届きます。

手順7

届いたメールの「メールアドレスの確認」をクリックします。

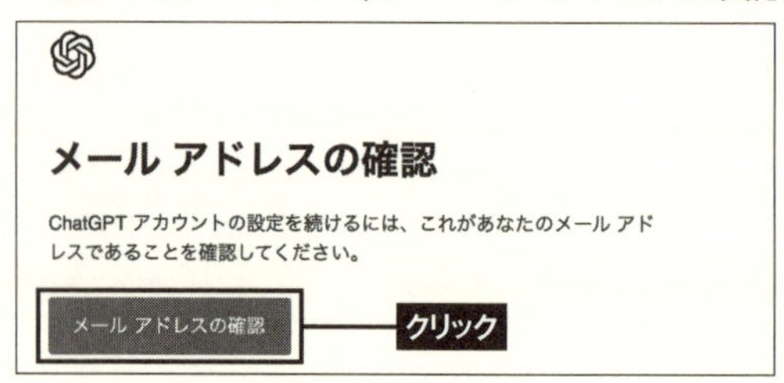

▌手順8

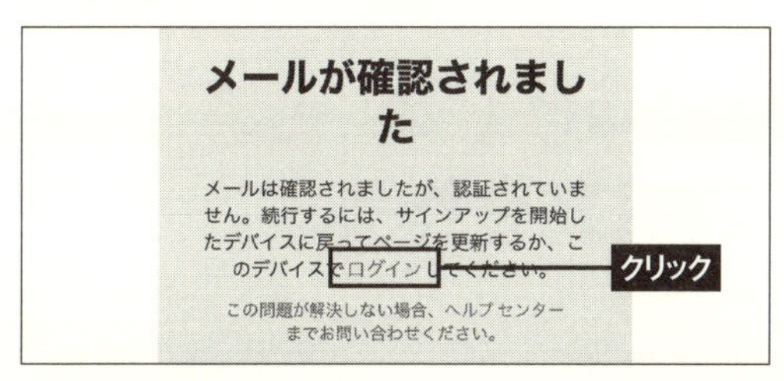

左のような画面が表示されます。「ログイン」をクリックしてChatGPTの画面に戻ります。

▌手順9

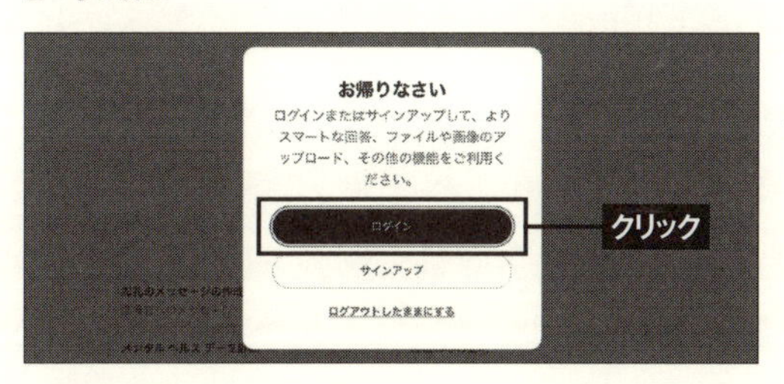

「ログイン」をクリックします。

▌手順10

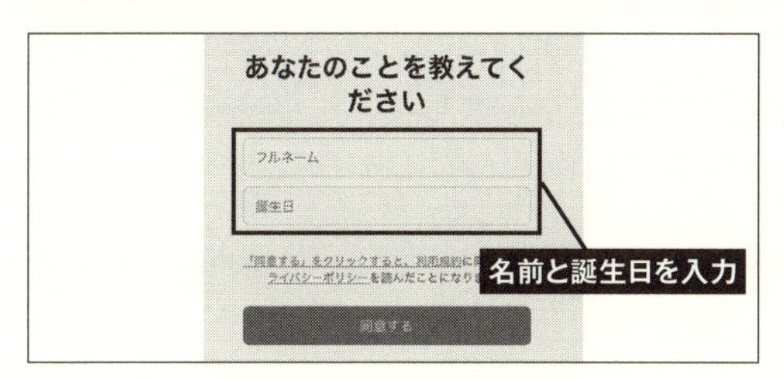

あなたのお名前（フルネーム）と誕生日を入力し、「同意する」をクリックします。

▌手順11

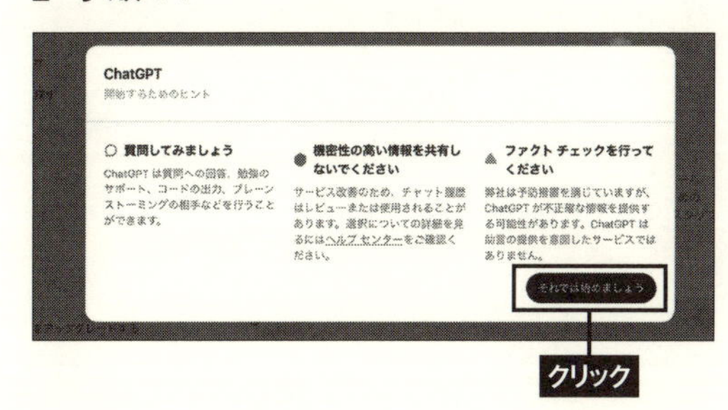

「それでは始めましょう」をクリックすると、ChatGPTが利用できます。

3 ChatGPTで商品説明文を作る

ChatGPTで商品説明文を作る手順

登録を終えると下の画面に切り替わり、サービスを利用できるようになります。ChatGPTは、知りたいことをメッセージで送信すると、瞬時に回答を返してくれます。実際に、回答の早さと内容を体験してみましょう。手順では女性用ダウンコートの商品説明文の作成を例に説明を進めます。

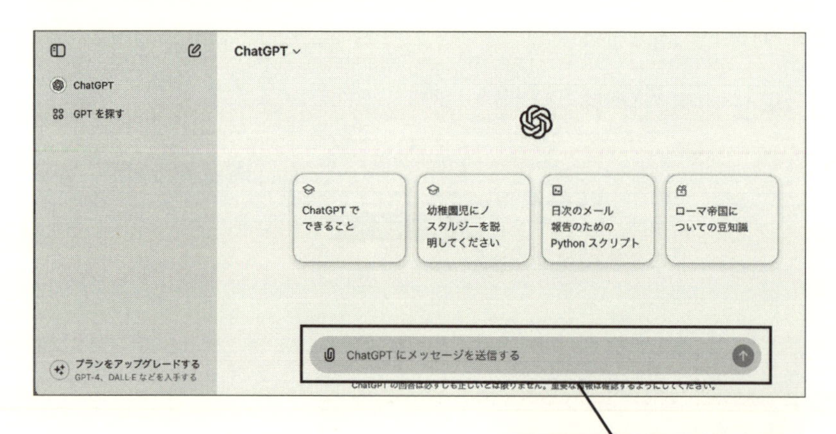

手順1

画面の下部にあるメッセージ入力欄に、知りたい内容を入力し、右端の送信ボタンをクリックします。

商品説明文に関するキーワードだけでなく、Amazonに出品することや説明文のボリュームも条件として伝えたほうが、期待する回答により近いものが得られます。

例では、下記の文章を入力します。

> **私はAmazonの出品者です。**
> **以下の商品をAmazonで販売予定です。**
> **説明文を一行500文字程度で五行考えてください。**
> **「レディース　ダウンコート　ロング丈」**

上記の「レディース　ダウンコート　ロング丈」の部分を差し替えれば、他のどんな商品の説明文もChatGPTに作成が依頼できます。

手順2

送信したメッセージに対し、ChatGPTから下記の回答がありました。

1. 寒い季節もおしゃれに暖かさを楽しむ、エレガントなロング丈レディースダウンコートが登場。上品なデザインでスタイリッシュさと防寒性を両立。
2. 優れた保温性と軽量な着心地が特長のレディースロングダウンコート。寒さを感じさせず、自由な動きをサポートするアイテムです。
3. 気品漂うシルエットと豊富なカラーバリエーションで、あなたの個性を引き立てる一着。都会のシーンからアウトドアまで幅広いシーンで活躍します。
4. 耐久性に優れた素材を使用し、長い間ご愛用いただけるダウンコート。防風フードと調節可能なウエストベルトで、暖かさとフィット感を調整可能。
5. 旬のファッションを楽しみながら、寒い冬も暖かさと快適さを手に入れるなら、このロング丈ダウンコートが最適な選択。女性らしい美しさを演出するアイテムです。

手順3

さらに商品説明文を作ってほしい場合は、手順1と同じようにChatGPTに追加の指示を出します。下記のように、メッセージを送ってみましょう。

> ありがとうございます！
> さらに五行考えていただけますか？

手順4

ChatGPTから追加の五行の説明文が瞬時に送られてきました。送信したメッセージに対して「もちろんです！」という返事から回答が始まり、まるで人と会話をしているようにやりとりもスムーズに進みます。

もちろんです！以下に追加の説明文を五行提供します。

1. 気品溢れるデザインと贅沢なダウンの暖かさが融合したロング丈レディースコート。寒さから守りながら、おしゃれな一日を楽しんでください。
2. フェミニンなシルエットが魅力のレディースロングダウン

コート。寒い日も優雅なスタイルをキープし、自信を持って外出できます。

3. 機能性と美しさを追求したダウンコートで、冬のシーズンを快適に過ごしませんか？防寒性とファッション性を両立させた一着です。
4. 上質な素材と丁寧な仕立てが際立つ、エレガントなロング丈ダウンコート。寒さを感じさせず、優雅な雰囲気を纏って日々の活動を楽しんでください。
5. スタイリッシュな中にも温もりを感じる、洗練されたデザインのレディースダウンコート。寒い季節にこそ、快適さとファッションを両立させたアイテムで魅力を放ってください。

■ 手順5

ChatGPTで作成した文章から、商品説明文として使いたい内容を選びましょう。作成した文章をそのまま使うこともできますし、部分的に抜き出して自分なりに文章をさらにアレンジしてもいいでしょう。

ChatGPTを利用すると、自分ひとりでは思いつかなかった着眼点や言葉遣いが発見できます。それらを商品説明文に加えていくことで、商品の魅力を伝える文章表現の幅がさらに広がっていくでしょう。

✓ChatGPTは英語で回答することがある

ChatGPTは日本語のメッセージには日本語で回答してくれますが、たまに日本語のメッセージに英語の回答が返ってくる場合があります。例えば、メッセージの書き出しにアルファベットの文字を使っていると、ChatGPTが英語で回答すべきだと判断することがあるようです。

回答が英語で表示された場合には、再度「日本語で回答を返してください」とメッセージを送りましょう。そうすれば、日本語の文章で回答が返ってきます。

✓丁寧なメッセージには丁寧な回答が返ってくる

ChatGPTは、丁寧な口調のメッセージでお願いするほうが、命令口調のメッセージよりも回答が丁寧になります。

ここでは、ダウンジャケットのキャッチコピー作成について、命令口調と丁寧口調で依頼した際の違いを見てみましょう。

命令口調の場合では

> **ダウンジャケットのキャッチコピーを作れ**

という命令文に対し、ChatGPTの回答は、下記の一行でした。

"極冬からの贅沢な守り。暖かさの新次元、ダウンジャケット。

一方、丁寧口調の場合では

> **ダウンジャケットのキャッチコピーを作っていただけますか？よろしくお願いいたします。**

とお願いすると、以下のように一度に10件の回答が返ってきました。

もちろんです。ダウンジャケットのキャッチコピーをいくつか提案させていただきますね

1.“暖かさの極致、寒さを吹き飛ばせ。”
2.“冬の風邪を防ぎ、温もりを纏う。”
3.“軽さと暖かさ、最高の一体感。”
4.“寒さが襲っても、心地よい暖かさ。”
5.“ダウンの魔法で、冬の寒さを撃退。”
6.“自然の温もり、ダウンジャケットに凝縮。”
7.“冷たい空気も、暖かな快適さに変えて。”
8.“究極の暖かさ、一枚のジャケットに凝縮。”
9.“寒さの限界を超えて、快適な冬へ”
10.“冬の冷えを軽やかな温もりで包む。”

命令口調でも回答は返ってきますが、丁寧な口調で依頼したほうが明らかに回答は丁寧です。ChatGPTを利用する際は、人間にお願いするように丁寧に依頼しましょう。

多すぎる選択肢は購買意欲を奪う

商品を販売する際、サイズ、色や柄など、複数の選択肢を用意するほうがお客様の満足度は高くなり、あなたのブランドに対する信頼度も上がります。もちろん、それにあわせて売上も増えるといえます。

ただし、やみくもに選択肢を増やせばよいということではなく、そこには重要な法則があるのです。

コロンビア大学のシーナ・アイエンガー教授は、スーパーマーケットのジャム売場に６種類のジャムの試食を置いた場合と、24種類のジャムの試食を置いた場合の売上を比較する実験を行いました。結果は、６種類の試食のほうが24種類の試食の約10倍の売上が得られたそうです。商品を販売する際、選択肢が多いほどお客様の満足度が増し、売上も増えるように思いがちですが、あまりに選択肢が多いとお客様は混乱し、選ぶ気力が失せ、購入意欲も下がってしまうのです。このように、**選択肢が多すぎて選択を難しく感じる心理的な動きを「ジャムの法則」あるいは「決定回避の法則」と呼びます**。

アイエンガー教授によると、人がストレスを感じない選択肢の数は7±2種類（5〜9種類）だと言います。商品のバリエーションを考えるときには、この法則を参考に、適正な数の選択肢を用意できるようにすることをおすすめします。

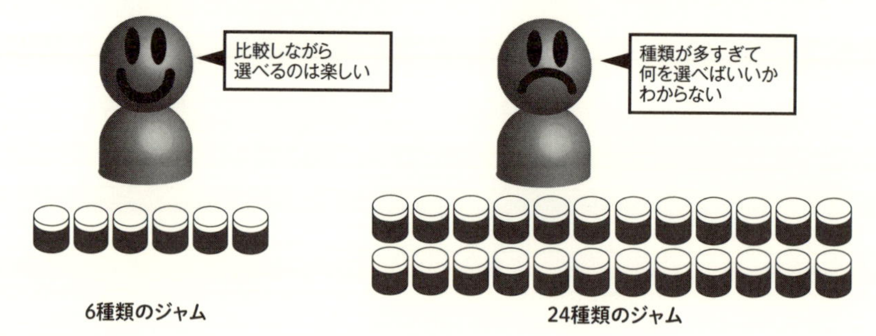

Chapter 8

Amazonの 販売促進サービスを 活用しよう

1 Amazonの販売促進サービスをフルに活用しよう

Amazonの販売促進サービスを利用する

ここまでで商品登録を完了し、いよいよ商品の販売開始になりました。すぐにお客様があなたの商品と出会い、購入してくれることを期待したいところですが、販売開始直後は新商品の認知度は極めて低い状態です。そのため、多くのお客様に広く商品を知って、購入していただくための仕掛け（販売促進）が必要不可欠です。

Amazonでは、新商品の売上を向上させるための販売促進サービスが用意されています。それらを上手に活用することで、販売開始直後から商品が売れていく状態を作っていきましょう。

Amazon販売促進の3つの柱

Amazonで新商品を販売するときに、おすすめしたいAmazonの販売促進サービスは、次の三つです。

・スポンサープロダクト広告
・商品紹介(A+)コンテンツ
・Amazon Vine先取りプログラム

「スポンサープロダクト広告」（以下、SP広告）とは、Amazonの商品検索結果ページや商品ページ内に表示される広告欄のことです。

見込み客に対してあなたの商品を表示してアピールすることができます。

「商品紹介（A＋）コンテンツ」は、商品ページ内の商品説明欄に商品画像や商品比較表などを文章と共に掲載することができます。お客様によりわかりやすく、繰り返し商品の魅力をアピールできます。

「Amazon Vine先取りプログラム 」とは、Amazonに選ばれた特定のVineメンバーに新商品を無料提供して、商品レビューを投稿してもらうプログラムです。生のクチコミは説得力があり、商品の信頼度アップにつながります。

売上アップのために、できることは全て実施しよう

これからAmazonで商品を販売しようというひとに、「どの販促サービスを利用するといいですか？」とよく聞かれます。こうした販促活動を行わなくてもしっかり商品が売れることが理想ですが、販売開始当初は商品ページを育てていく気持ちで、先ほど紹介した三つの販売促進サービスを全て実施するのが基本です。

新商品の販売促進は、販売開始直後が重要です。販売開始から二週間くらいの間は、検索結果ページに優先して新商品が掲載される傾向にあります。この期間にできるだけたくさんの販売実績を作り、商品ランキング上位を維持しておくことが、その後の売上を安定させるためにとても大切です。

また、ひとつひとつの商品の販促活動をしっかり行うためには、最初に取り扱う商品は2～3種類にして慎重にスタートしましょう。一度に10商品も20商品も同時に販売しようとすると、商品の販売促進にかける時間、意識、労力、資金が分散してしまいます。最初は2～3商品に自分のエネルギーを集中させましょう。

2 スポンサープロダクト広告を最大限に活用しよう

広告で表示数を増やそう

お客様が「レディース　ワンピース」のキーワードで検索すると10万件以上の商品がヒットしますが、それらを全て閲覧する人はいません。もしあなたの販売しているワンピース商品がお客様の視界に入らなければ、商品の存在を知ってもらうことすらできないので、残念ながらひとつも売れないでしょう。逆に自分の商品が検索結果ページの上位に表示されるほど、お客様が閲覧する機会が増え、購入してもらえる可能性は高くなります。
「スポンサープロダクト（以下、SP）広告」とは、あなたが設定した「商品に関連するキーワード」を見込み客が検索することで、その見込み客に対してあなたの商品を優先的に表示し、アピールできる広告です。

例えば、あなたが「レディース ワンピース」というキーワードをSP広告に登録した場合、「レディース ワンピース」の検索結果ページの一行目に「スポンサー」印がついたあなたの商品が優先的に表示されます。お客様は、まずあなたの商品から検索結果の一覧を見ていくことになり、お客様が購入を検討する選択肢のひとつに入ることができるでしょう。

検索結果ページに表示されるSP広告

SP広告は、商品の検索結果ページだけでなく、各商品ページの下にある「この商品に関連する商品」の欄にも表示されます。お客様がライバルの類似商品のページを見ている際にも、あなたの商品を積極的にアピールすることができるのです。

「この商品に関連する商品」のSP広告

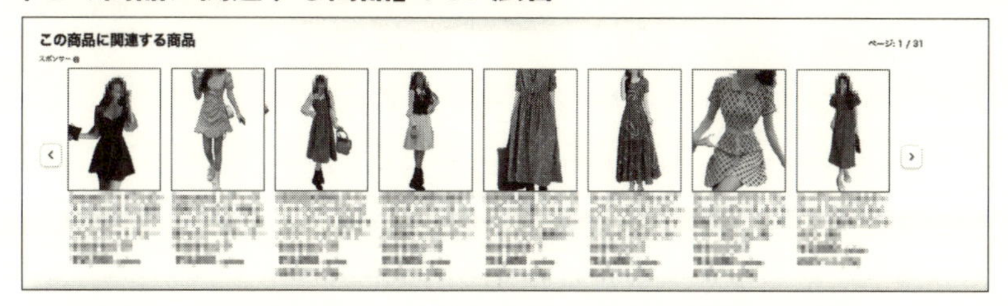

✓SP広告は広告料として1クリックの単価を設定する

SP広告は、「クリック課金制」の広告です。クリック課金制とは、広告欄に表示されたあなたの商品をお客様がクリックした際に広告料が発生するシステムです。広告欄にあなたの商品が表示されても、お客様がクリックしなければ広告料は発生しません。

SP広告では、1クリックあたりの単価（広告料）を自分で設定することができます。単価を高く設定した商品が優先的に広告欄に表示されますが、それだけ広告料は高額になり、商品が売れた際の利益を削ってしまいます。逆に単価を低く設定すると、表示される優先順位が下がり、商品が売れにくくなります。

また、広告料がかさみすぎないように広告料の一日の上限を設定することができるのですが、その際も1クリックあたりの単価が高いと表示の回数は少なくなります。例えば、一日の広告料の上限を500円、1クリック単価を20円で設定すると、一日のうちお客様が広告欄をクリックして商品ページに入ってくる回数は25回が上限となります。上限に達すると、その日は広告欄に一切表示されません。これが1クリック単価を5円で設定すると、同じ上限金額でも100回まで表示されることになります。一日を通して広告欄に商品が表示されるように、商品の売れ行きと広告費用を常に比較しながら、広告単価を調整していきましょう。

✔まずはオートターゲティングから始める

SP広告には、「オートターゲティング」と「マニュアルターゲティング」の二種類の設定方法があります。

「オートターゲティング」の場合、設定するキーワードをAmazonが自動的に設定します。商品ページのキーワード欄に入力済みの単語や、商品タイトルや商品説明に書かれた単語などをもとにAmazonが判断するため、改めてキーワードを入力する必要がなく、設定も簡単です。SP広告を始める際には、まず「オートターゲティング」での設定をおすすめします。

オートターゲティングでSP広告の運用を始めると、どんなキーワードで広告料が使われたか、そして、どんなキーワードで商品が購入されたかといったデータが徐々に蓄積していきます。二週間から一カ月ほど蓄積したデータをもとに、売上アップに貢献するキーワードを見極めていきましょう。

✓不要なキーワードは除外しておく

「オートターゲティング」でどんなキーワードで広告料が使われたかをチェックすると、「頻繁に検索され、売上アップに貢献するキーワード」がわかります。逆に「頻繁に検索されているものの、購入に結び付かず、売上アップに貢献しないキーワード」もわかります。購入に結び付かないキーワードに広告料をかけ続けるのは非効率的です。SP広告では、特定のキーワードを「除外キーワード」として設定することができます。売上アップに貢献しないキーワードは検索から外し、売上アップに貢献するキーワードだけに、広告料を使いましょう。

マニュアルターゲティングで広告の費用対効果を高める

「オートターゲティング」である程度有効なキーワードが絞り込めたところで、設定方法を「マニュアルターゲティング」に切り替えていきましょう。「マニュアルターゲティング」は、マッチタイプが以下①〜③の三種類に分かれています。マッチタイプとは、登録したキーワードと見込み客が入力した検索キーワードがどの程度一致するかという度合いのことです。

① マッチタイプ部分一致

見込み客の検索キーワードの中に、設定したキーワードが語順にかかわらず含まれている場合に広告を表示します。また、同じ意味合いの言葉、関連する言葉なども含まれます。例えば、設定したキーワードが「ワンピース レディース」で、検索されたキーワードが「レディース ミニ ワンピース」でも一致したと判断されます。

② マッチタイプフレーズ一致

見込み客の検索キーワードの中に、設定したキーワードと完全に一致するフレーズや語順が含まれている場合に広告を表示します。

例えば、設定したキーワードが「ワンピース レディース」ならば、検索されたキーワードも「ニット ワンピース レディース」のように、同じ語順で並んで含まれている場合に一致したと判断されます。

③ マッチタイプ完全一致

見込み客の検索キーワードと設定したキーワードが完全に一致する場合に広告を表示します。例えば、設定したキーワードが「ワンピース レディース」ならば、検索されたキーワードも「ワンピース レディース」の場合にのみ一致したと判断されます。

マッチタイプは「部分一致」「フレーズ一致」「完全一致」の順に広告を表示する対象が絞り込まれていきます。

「マニュアルターゲティング」では、設定するキーワードをこのようなマッチタイプで指定し、クリック単価を自由に設定することができます。商品によってどのタイプが最も適しているかを吟味して使い分けていきましょう。購入される割合の高いキーワードはクリック単価を高めに設定しましょう。

お客様の動きで商品ページを見直す

SP広告の利用は、あなたの商品ページをよりブラッシュアップしていくためにも役立ちます。例えば、検索結果ページに表示されたにもかかわらず、お客様があなたの商品をクリックしなかったとしたら、そこにはクリックしない明確な理由があるはずです。

検索結果ページの商品画像が魅力的でなかったり、商品タイトルがわかりにくかったりなど、その理由は様々でしょう。同様に、商品ページまで進んだお客様が商品を購入されないというのも何か理由があるのです。こうした課題をひとつずつ解決していくことで、あなたの商品ページはより良いものになり、お客様の購買意欲をより刺激するものになっていくでしょう。

3 商品紹介（A+）コンテンツを利用する

商品の魅力を存分に伝えることができる

ここまででも説明しましたが、商品ページの商品説明欄には、文章のみ表示できます。しかし、文章だけではイメージが伝わりにくく、文字を読むのが苦手なお客様は読まずに進んでしまう可能性もあります。

この「商品紹介（A＋）コンテンツ」を利用すると、商品説明欄に文章だけでなく画像や商品比較表を掲載するなど、自由度の高い表現方法で商品の魅力を伝えることができるのです。

従来の商品ページの商品説明欄

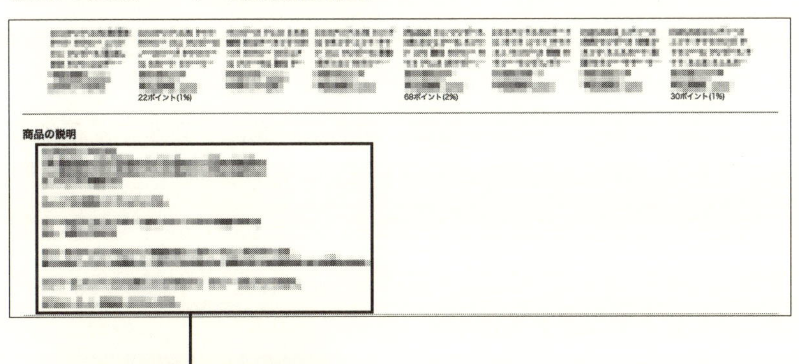

商品紹介(A+)コンテンツの例

商品画像欄に掲載できるのは９枚が上限です。しかし、商品紹介（A＋）コンテンツを利用すれば、商品説明欄にも画像を掲載することができ、繰り返し商品の魅力をアピールできます。

一度書いてもお客様にきちんと伝わっているとは限りません。商品紹介（A＋）コンテンツを最大限活用して、商品の魅力をしっかり伝えていきましょう。

お客様にブランドの世界観を伝える

商品紹介（A+）コンテンツには、画像とテキストが組み合わさったデザインのひな形（モジュール）が複数用意されています。デザインの知識や技術がなくても、使いたいモジュールを選んで組み合わせることで、あなただけの商品紹介（A+）コンテンツを作成することができます。

例えば、横に三つの画像が並ぶモジュールを選び、指定された場所に画像とテキストを追加すると、自動的にきれいなレイアウトに仕上がります。

商品紹介（A+）コンテンツのデザインひな形（モジュール）の例

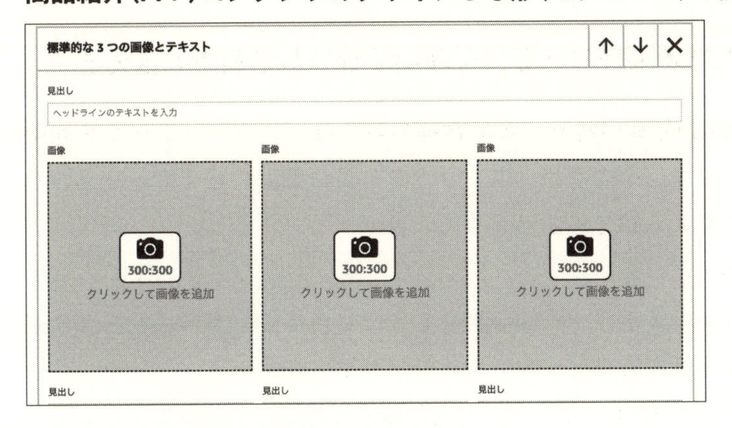

実際の写真が掲載される

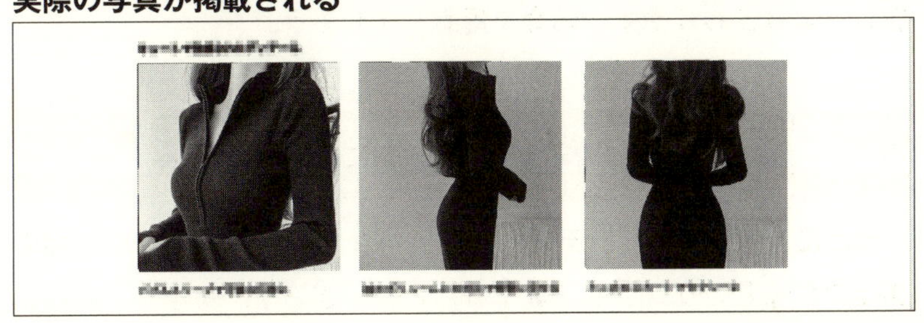

モジュールは、商品画像よりも大きな画像を掲載できる「テキスト付き標準画像ヘッダー」モジュールや、複数の商品の画像や情報を並べて掲載できる「商品の比較表」モジュールなど、全部で17種類あります。こうしたモジュールを使うことで、商品画像で伝え切れなかったブランドの世界観やイメージをより伝えやすくなります。

また、それぞれのモジュールによって使用する画像のサイズが指定されています。サイズの合わない画像を使うと、歪んで表示されてしまうことがあります。お客様は歪んだ商品画像を見て買いたいとは思わないでしょう。きちんと指定されたサイズの画像を用意しましょう。

スマホ画面いっぱいに画像を表示して魅力を伝える

Amazonで買い物をするお客様の多くは、スマートフォンを利用しています。そのため、スマートフォンの画面の見え方が商品の売上を左右する鍵でもあります。

商品紹介（A+）コンテンツでは、スマートフォンの画面の横幅いっぱいのサイズで画像を掲載することができます。これもより強く商品の魅力をアピールできるメリットです。

商品紹介（A+）コンテンツを作成する際には、パソコンとスマートフォンのそれぞれの画面でどういう見え方になるのかを事前に確認し、より伝わりやすい画像を掲載しましょう。

自分が販売する他の商品に誘導できる

商品紹介（A+）コンテンツでは、あなたが取り扱っている他の商品の画像とのリンクも掲載することができます。あなたの商品に興味を持ってくれたお客様に、ぜひ他の商品も見てもらいましょう。最初の商品が購入に至らなくても、他の商品を購入してくれる可能性があります。複数の商品を気に入ってもらえれば、まとめ買いも期待できます。

作成要件を満たした素材を準備する

商品紹介（A＋）コンテンツを作成する際、入力する情報や画像が要件を満たしていないと、エラーになったり、画像がうまく表示できなかったりする可能性があります。また、エラーにならなかったとしても、掲載が却下されることもあります。下記の注意点はしっかり守りましょう。

・コンテンツ名と言語を忘れずに入力する

両方とも必須項目なので、入力がないとエラーになってしまいます。

・文字数や画像のサイズを守る

入力する文字数がモジュールの指定を超えると登録がエラーになります。また、モジュールの指定する画像サイズに合わない画像を登録すると、画像が歪んで表示されたりします。

・NGワードを使わない

新着、最新、過去最高などの時期を限定する言葉や、お手頃、無料特典などの価格や販売促進に関連する情報、メディアで話題、業界ナンバーワンといった煽り文句などは記載できません。このほか、Amazonの「商品紹介コンテンツガイドライン」から外れた内容を記載しないように注意が必要です。

4 Vineプログラムを活用しよう

Vineメンバーにレビューを書いてもらう

「Amazon Vine先取りプログラム（以下Vineプログラム）」は、Amazon公認のVineメンバーに販売する新商品を無料で提供する代わりに商品レビューを投稿してもらうサービスです。Vineメンバーとは、Amazonで多くの商品レビューを投稿した実績のあるお客様の中で、Amazonが特に信頼性が高いと評価した、選ばれたお客様のことです。

インターネット通販では、先に購入したお客様の声や評価を参考にして購入を検討するひともたくさんいます。そこで、商品の販売開始直後にVineプログラムを利用することで、速やかに商品レビューを投稿してもらうのです。良い評価の商品レビューが投稿されることで、販売開始直後から安定した売れ行きが期待できるので、基本的には全ての商品で利用することをおすすめします。

また、Vineメンバーは基本的に忖度することはありません。Vineメンバーの書いた商品レビューの内容は、良くも悪くも購入される他のお客様のいい参考になっています。だからこそ、Vineメンバーとして選ばれているわけです。良い商品を提供し、良い評価を投稿してもらえるようにしていきましょう。

✓販売する商品とレビュー用の商品は分けて考える

Vineメンバーにレビューを依頼する際、商品は無料で提供することになります。多くのVineメンバーに依頼すると無料提供する商品のコストも膨らみます。Vineメンバーに提供する商品数は、資金的なバランスを見ながら決めていきましょう。

また、無料提供する商品は、販売する商品の在庫数とは分けて考えましょう。例えば、在庫数10個の商品からVineメンバーに５個を提供したら残りは５個となり、すぐに売り切れてしまう可能性が高くなります。売れるのに商品がないというのは大きな機会損失です。10個の在庫を販売するなら、それとは別にVineメンバーに無料提供する在庫を用意しましょう。この場合は、15個の商品を仕入れるということです。

✓Vineプログラムに登録できるのは、各商品一回のみ

Vineプログラムの登録の際に注意しておきたいのは、このプログラムに登録できるのは、どの商品も一回のみということです。例えば、無料提供する在庫数を10個で設定すると、途中から在庫数を追加することはできません。

ひとりのVineメンバーが同一のレビュー用商品を多数注文する事例が過去にありました。同一人物がひとつの商品にレビュー投稿できるのは一回のみなので、商品はひとりに１個だけ無料提供すれば十分です。VINEプログラムでは複数の在庫を注文できなくするために、商品の購入可能数の上限をひとり1個に設定しておくことをおすすめします。

✓Vineプログラムの利用条件

Vineプログラムには以下のような利用条件があります。

・大口出品の出品者である。

・Amazonブランド登録に登録済みである。
・ブランド所有者としてAmazonに認められている。
・FBA出品商品で在庫があり、コンディションが「新品」である。
・商品詳細ページのレビュー数が30件未満。
・アダルト商品ではない。
・Amazon Vine登録時に出品を開始している。
・商品の画像と説明がある。

上記の条件に当てはまる商品が、このプログラムを利用できます。良い内容の商品レビューが多ければ多いほど、お客様は安心して商品を購入することができ、万が一残念な評価が入っても商品レビューの平均値は下がりにくくなります。

商品の販売開始直後から良い内容の商品レビューをたくさん集めて、販売促進につなげましょう。

また、プログラムの利用にあたって、商品の登録手数料は有料ですが、登録から90日以内にレビューが一件も投稿されなかった場合、手数料は請求されません。

ここまでに紹介したAmazonの販売促進サービス「スポンサープロダクト広告」「商品紹介（A+）コンテンツ」「Amazon Vine先取りプログラム」の登録方法を詳しく説明したPDFを読者の方に特別にプレゼントします。右記QRコードから受け取り、ご活用ください。

5 セールモンスターで商品の販路を拡大しよう

手間をかけずに他のECモールに出品できる

ここまではAmazonサイト内での販売促進サービスについて説明してきましたが、最後にあなたがAmazonで販売している商品を、他のECサイトで自動的に販売できるサービスを紹介しましょう。

売上をもっと増やしたい、販路を拡大したいという気持ちがあっても、初心者のうちにはAmazonの販売だけで手一杯になるものです。例えば、楽天市場にも出店するという場合、楽天用の商品ページを作成したり、楽天から購入されるお客様に対応したりと新たな労力が必要ですし、月額料金などの費用も発生します。

ところが、この「セールモンスター」というサービスを利用すると、Amazonに登録しているだけで下記の８つの国内大手ECモールに自動出品できるのです。

セールモンスター　https://salemonster.jp

〈出店できるECモール〉

- 楽天市場
- Yahoo！ショッピング
- au PAYマーケット
- Qoo10
- ZenPlus
- Shopify
- LINEギフト
- メルカリShops

利用方法もとても簡単です。セールモンスターにサービス登録をすれば、その他は通常のAmazon販売で行っている業務と変わりません。自分の売りたい商品の情報がAmazonとセールモンスターで自動的に連携され、Amazon以外のお客様が商品を購入した場合もAmazonのFBA倉庫から自動で配送されるのです。

労力や費用の負担を抑えながら、手軽に販路を広げていくことができるサービスですから、ぜひ試してみてください。

登録者が増えるほど無料で利用できる枠が広がる

セールモンスターは、最初の10商品まではサービスを無料で利用することができます。しかも、特定の紹介リンクから登録すると、無料でサービスを利用できる商品の点数を増やすことができます。セールモンスターは、同じ紹介リンクから登録する人数が増えるほど、そこで登録した全員の無料枠が増えていきます。みんながメリットを得られるしくみですので、登録の際には紹介リンクの利用をおすすめします。紹介リンクのURLは、下記読者プレゼントの「セールモンスター登録方法」の文章内に記載しています。

セールモンスターの登録方法を詳しく説明したPDFを読者の方に特別にプレゼントします。右記のQRコードから受け取って、活用してください。

Chapter 9

自分ブランドのオリジナル商品を作ろう

1 オリジナル商品開発で ビジネスをさらに面白くする

オリジナル商品に挑戦する

ここまでは、Amazonで売れている商品をリサーチし、それをアリババから仕入れて自分ブランド化してお客様に販売する、いわゆる「簡易OEM」商品について紹介してきました。ここからは次のステップです。あなただけの「オリジナル商品」開発に挑戦していきましょう。

オリジナル商品というと「デザインや服飾の専門知識がないとできないのでは？」と思うかもしれませんが、専門知識を学んでいないあなたにも作ることはできます。なぜならば、オリジナル商品を作るヒントは、あなたがこれまで取り扱ってきた商品たちの中にあるからです。

例えば、簡易OEM商品を購入したお客様から「このジャケットに胸ポケットがあればよかった」「思っていたよりサイズが小さく感じる」といった悪いレビューをいただいても、既製品ではお客様の声を生かすことができません。しかし、オリジナル商品ならお客様の声を取り入れ、さらに良い商品を作り上げていくことができます。

お客様の満足度が高い商品を提供できれば、ブランドに対する信頼感も増し、売上を伸ばし、ライバルにも大きく差をつけることができるでしょう。これまでのビジネスで培ってきた経験を存分に活かし、魅力的で唯一無二のオリジナル商品を生み出していきましょう。

✓日本にいながらオリジナル商品が作れる

オリジナル商品開発は、アリババから既製品を仕入れる「簡易OEM」とは異なり、自分でデザイン、素材、付属品などを決めて中国の工場に発注して行います。しかも、日本にいながらアリババから商品を仕入れることができたように、オリジナル商品開発も日本にいながら進めることができるのです。

ここでも、頼りになるのが輸入代行業者です。中国の工場に直接発注することも可能ですが、やり取りは中国語、中国元で国際送金して支払うのが基本です。これら全ての雑務を自分で手がけようとすれば、手間も時間もかかってしまいます。「餅は餅屋」で任せられるところは代行業者に任せ、空いた時間は新たな商品リサーチや商品の販促活動など、あなたにしかできないことにあてていきましょう。

これまでアリババからの商品仕入れを依頼してきた輸入代行業者にも、オリジナル商品開発を相談することができます。付き合いの長い輸入代行業者を通すことで、話がスムーズに進むでしょう。

✓オリジナル商品は、生地のロール単位での生産が基本

オリジナル商品を生産する場合、工場は受注してから使用する素材を生地工場から仕入れます。生地の仕入れは１ロール単位で行うことが基本になります。「ロール」とは生地工場で生産された大きなロール状に巻かれた生地のことです。

工場は仕入れた生地を余すことなく使い切れるよう「発注できる最低数量（MOQ）」を設定しています。MOQはMinimum Order Quantityの略です。最低ロット、最小ロットという場合もあります。

発注の仕方によって生地の単価は変化する

例えば、1ロールでTシャツ100着が生産できる場合、MOQは100着になります。工場は100着から発注を受け付けてくれるのです。仮にこのTシャツを30着だけ発注すると、どうなるでしょうか。工場には100着分の生地があるので、70着分の生地が余ることになります。また、工場はTシャツを100着作れるように、生地の裁断や縫製などを流れ作業で行う「生産ライン」を確保しています。30着の発注では生産ラインが十分に活かされず、工場側としては「労多くして功少なし」の状況となるわけです。

もし30着の発注を受けてくれる工場があったとしても、その生産単価は100着を発注した際の生産単価より上がります。そのため、オリジナル商品を作る際には、工場が用意した生地で作れる最大数で発注することが基本となるのです。発注の前に必ずMOQを工場側に確認しましょう。

「グレードアップ商品」と「完全オリジナル商品」

オリジナル商品には、大きく分けてふたつのタイプがあります。それが「グレードアップ商品」と「完全オリジナル商品」です。

グレードアップ商品とは、既存の商品の一部分を変更して付加価値を高めた商品のことです。例えば、既製品として販売されている商品にポケットを追加するなどして付加価値を高めます。

完全オリジナル商品とは、自分でいちから企画して商品を作り上げたり、既存の複数の商品を参考に、素材、デザイン、機能や色味などを組み合わせて作り上げる商品のことをここでは指します。いちから作っていくのでグレードアップ商品よりもさらに自由度が高くなり、より付加価値の高い商品を作ることができます。

一般的なアパレルブランドが完全オリジナル商品を作る場合、完成までにはとても多くのプロセスが必要です。

まず、デザイナーがデザインを決め、それをもとに素材や色、商品の細かい寸法などを詳しく指示した仕様書を作成します。次に、パタンナーと呼ばれる専門職がデザインを形にするためのパターン（型紙）を作ります。パターンとは、洋服の各パーツを作るための原寸大の平面図です。パターン通りに生地を裁断し、それぞれの生地を縫い合わせることで、初めて洋服の形になるのです。

次に、パターンと詳細な仕様書を添えて工場へサンプル商品を発注し、サンプル商品が完成したら本発注に進みます。このように商品の完成までには細かいやりとりが多く、手間も時間もかかります。

一方、ここで紹介する完全オリジナル商品開発の場合、そうした専門知識や経験がなくても完全オリジナル商品が作れます。極端なことをいえば、インターネットで見つけた画像を参考にしながら、作りたい商品の完成イメージを工場側に伝えてサンプル商品を作ってもらえる場合もあります。素材、デザイン、機能や色味など、様々な商品の魅力を参考にしながら、オリジナル商品を開発していきましょう。

オリジナル商品開発の流れ

オリジナル商品開発については、グレードアップ商品も完全オリジナル商品も基本的な手順は同じで、以下の四つのステップで行います。それではひとつずつ見ていきましょう。

オリジナル商品開発の流れ

ステップ1	ステップ2	ステップ3	ステップ4
どんな商品を作るかを決める	工場を探す	サンプル商品を発注する	本発注

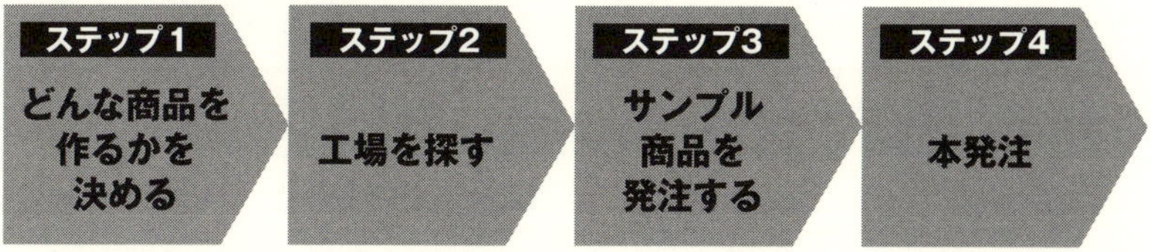

ステップ1　どんな商品を作るかを決める

オリジナル商品を考えるベースとなるのは、既存の商品です。すでに売れている商品をヒントに付加価値をつけたり、複数の売れている商品の魅力的な部分を組み合わせたりして、より売れる商品を考えていきます。

ステップ2　工場を探す

オリジナル商品を生産する工場を探します。これまでアリババで取引のあった工場に依頼する方法と、新たな工場を開拓する方法があります。

ステップ3　サンプル商品を発注する

輸入代行業者を通じて作りたいオリジナル商品の詳細な指示を工場に伝え、サンプル商品を発注します。

そして、完成したサンプル商品が届いたら品質を確認します。改善点がある場合は再度サンプル商品を作ってもらいます。

ステップ4　本発注

納得できるサンプル商品が完成したら、商品の最低ロット(MOQ)、納期、単価などを確認して、本発注に進みます。

次項から、「グレードアップ商品」、「完全オリジナル商品」のステップ1～4の詳しい内容をそれぞれ解説いたします。

2 グレードアップ商品開発に挑戦してみよう

グレードアップの種類

既存商品をグレードアップする方法は、いくつかあります。ここでは、そのポイントを紹介します。

グレードアップ① カラーバリエーションを増やす

例えば、既存商品のニットワンピースがホワイトとブラックの二色展開のみで販売しているとします。そこに「ブルー」を加えてカラーバリエーションを増やすというのもグレードアップのひとつの方法です。こうした色の変更は、輸入代行業者や工場に「この商品のブルーを作りたい」と相談するだけなので、とても手軽にできます。

カラーバリエーションが増えると、お客様の選択肢が広がり、お客様の信頼度アップにもつながります。そして、何より「ブルー」のオリジナルカラーのニットワンピースは、あなたのブランドだけの商品ですから、他のライバルと大きく差別化することができます。

グレードアップ② パーツを替える

商品全体をオリジナル化しなくても、ポケットやファスナー、ボタンといった商品のパーツの一部を替えるだけで商品の印象は変わります。例えば、使用するボタンをプラスチック製から木製のボタンにしたり、布のボタンにしたりするだけでも、商品をグレードアップすることができるのです。

この場合も①と同様に、輸入代行業者や工場に「この部分をこのように変更したい」と相談すれば、作ることができます。

■ グレードアップ③ デザインを変える

襟の形を変更する、スカートにスリットを入れるなど、既存商品のデザインの一部を変更するというのも、グレードアップのひとつの方法です。輸入代行業者や工場に、簡単なデザインの変更を依頼するだけで、あなたのブランドだけのオリジナルデザインを生み出すことができます。

■ グレードアップ④ サイズ展開を増やす

サイズ展開のバリエーションを増やすのもひとつの方法です。例えば、既存商品のニットワンピースのサイズがS・M・L、の三サイズ展開だったとして、そこにさらに小さいXSサイズをプラスする、あるいはXL、2XLといったより大きいサイズを増やすのです。

ライバルが取り扱っていないサイズのバリエーションが増えると、そのサイズが欲しかった新たなお客様のニーズを掘り起こすことができます。しかも、そのサイズが購入できるのはあなたのブランドだけですから、その後もお客様を独占することができるのです。

また、いくつかのバリエーションを増やして売上が上がれば、Amazonの商品ランキングが上がるという効果も得られます。商品ランキングは、どのサイズが売れても上がります。より上位のランキングに表示されることでお客様に見つけてもらいやすくなり、ライバルよりも優位に立つことができます。様々なお客様に最適なサイズの商品を提供し、あなたのブランドの強みにしていきましょう。

■ グレードアップ⑤ 商品の機能を改善する

ダウンジャケットのファスナーをダブルファスナーに替える、生地を防水加工にするなど、商品の機能面をグレードアップさせる方法もあります。前述したように、既存商品の商品レビューにはお客様の様々な感想や意見が書き込まれており、その中にはお客様の「なくても困らないけれど、無意識に感じているストレス」も潜んでいたりします。そうした内容に注目し、機能の改善を図ることもおすすめです。お客様の無意識のストレスを解消し、喜んでいただきましょう。

これらのポイントに留意して、コート作りを例にグレードアップについて考えてみましょう。その商品をどのようにグレードアップすればさらに良い商品になるかをお客様目線で考えることが大切です。

《コートのグレードアップ例》

・コートにフードをつける

フードがあるだけで首まわりが暖かくなり、フードを被れば雪・雨対策や防寒にもなります。また、デザイン的にもおしゃれです。

・袖口にリブをつける

袖口を伸縮性のあるリブにすることで、袖口から冷たい空気が入ってくるのを防ぎ、防寒性が増します。

・ポケットを追加する

例えば内ポケットがあると、貴重品やカイロを入れるなど、機能面が充実します。

・ファスナーをダブルファスナーにする

上からも下からも開け閉めができるダブルファスナーを使うと、コートの使い勝手がさらに良くなります。例えば、首元はファスナーを閉めたままでも裾側からファスナーを開けることで、コートの中の熱を逃して体温調整ができます。また、裾側を開けることで足の可動域が広がり、歩きやすくなります。さらに、上下のファスナーの開け方を調整してXラインのシルエットを作り出すと、ウエストのくびれ部分が強調されてよりメリハリのある体型に見え、着痩せ効果が期待できます。ダブルファスナーに替えるだけで、着こなしの幅が広がり、お客様からも商品価値を感じてもらいやすくなります。

・色やサイズのバリエーションを増やす

ライバルの扱っていない色やサイズを用意することで、新たなお客様を獲得したり、お客様を独占したりすることができます。

これらはあくまでもコートをグレードアップする一例です。これ以外にも、商品によってその付加価値を高める方法はたくさんあるので、お客様目線で考えてみましょう。

低いコストでお客様を喜ばせる

商品のオリジナル化を考える上で、もうひとつ重要なポイントが「いかに低いコストでお客様に価値を感じてもらうか」です。商品に付加価値を持たせても、生産コストが大幅に上がり、販売価格を値上げすることになってしまうと、商品の売れ行きは鈍くなるでしょう。新たな付加価値を持たせつつ販売価格を据え置きにすることで、ライバルと差別化して自分の商品が優位に立つことができます。

100円以下のコストでも、十分に付加価値を持たせてライバルと差別化することは可能です。例えば、既存のパンツにポケットを追加する、ジャケットにベンツ（裾の切れ込み）を入れるなどです。わずかなコストでお客様に喜んでもらい、ライバルより一歩先に進みましょう。

シンプルなアレンジからチャレンジしよう

オリジナル商品を作るというと、つい手の込んだアレンジをしたくなるものです。しかし、最初はたくさんのアレンジを盛り込まず、できるだけシンプルに考えましょう。既存商品にひとつの付加価値をプラスするだけでも、お客様は魅力を感じてくれるでしょう。また、工場に発注する際も、シンプルなアレンジのほうが指示を伝えやすくなります。

まずはグレードーアップ商品からステップごとに商品開発を説明していきます。

グレードアップ商品 ステップ1　どんな商品を作るかを決める

オリジナル商品は、完全オリジナル商品より難度が低いグレードアップ商品から始めるのがおすすめです。

初めてグレードアップ商品に挑戦する場合、まずは自分のエース商品をグレードアップするのが一番手堅く、失敗しない方法です。すでに安定して売れているエース商品をさらに良くするので、今まで以上に売れる商品になる可能性が非常に高いです。付加価値を高めた商品はライバルの類似商品とも差別化を図ることができ、より多くのお客様があなたの商品を選んでくれるようになるでしょう。

また、エース商品とは対照的に、商品ページ内にネガティブな商品レビューが多く掲載されている商品も、グレードアップ商品を企画する際に大いに役立ちます。「サイズが小さい」「縫製が雑」「生地が透けすぎ」など、お客様が感じているストレスを取り除くことができれば、顧客満足度が上がり、商品レビューの内容もさらに良くなっていきます。良い評価は新たなお客様を呼び込むので、さらに売上も伸びていくでしょう。

付加価値を考える際に大切なのは「お客様目線」です。あなたがどれほど気に入った商品でも、お客様に評価されなければ期待外れの結果になるでしょう。自分の勘や感覚だけを頼りにせず、商品リサーチをしっかり行いながら、何を、どのようにオリジナル化するかを考えていきましょう。

グレードアップ商品 ステップ2 工場を探す

どんなグレードアップ商品を作るかを決めたら、生産するための工場を探します。直接工場に打診する方法もありますが、最初は輸入代行業者を介して探してもらうほうがスムーズです。

工場を探す際は、自分が取り扱ってきた既存商品をグレードアップするなら、これまでの取引で実績を重ねてきた工場に相談するのが効率的です。

一方、自分で取り扱ったことのない商品をグレードアップする場合は、アリババでその商品を生産している工場を探しましょう。

工場を決める際には、大体の発注数を事前に打診することも大切です。工場が設定する最低ロット(MOQ)によっては、あなたが製造したい数量と条件が合わない場合もあります。「これくらいのロットで発注したい」と事前に伝えておくことで、後々「その数量では引き受けられない」といったトラブルを未然に防ぐことができます。

グレードアップ商品 ステップ3 サンプル商品を発注する

生産してもらう工場が決まったら、まずはサンプルを発注します。最初から本発注せず、必ずサンプル作りからスタートしましょう。

サンプルを発注する際は、次の四つのポイントを押さえておくといいでしょう。

■ ポイント① 情報は総合的に伝える

作りたい商品の情報は、素材やデザインに関することだけでなく、作業全体がイメージできるように伝えましょう。

例えば、商品の単価がいくらくらいで、生産数(ロット数)はどのくらいが希望なのか。また、いつ頃までに納品してほしいかなどの情報を事前に伝えておくと、そのプランが現実的なのか、調整が必要なのかがわかります。

■ ポイント② 要望点はできるだけ具体的に伝える

「この商品と同じようなものを作りたい」と、インターネット上の商品画像を示すだけでも、工場とオリジナル商品の相談ができます。ただし、写真だけでは伝わらないこともあるので、商品の要望点はできるだけ具体的に示しましょう。

例えば、商品の色をブルーにしたい場合、「この商品をブルーで作りたい」と伝えるのではなく、自分のイメージする色の見本をつけて「この商品をこの色で」と示すと、情報がより伝わりやすくなります。色見本としておすすめしているのが、アメリカのPANTON社の「PANTONE(パントン)」というカラーチャートです。PANTONEは世界共通で用いられていますから、チャートの番号を指定すれば、自分のイメージする色を工場に伝えることができます。

PANTONEの色はインターネットやアプリなどで調べることができますが、モニター越しに見る色はパソコンの環境などによっても異なる場合があります。紙に印刷されたカラーチャートを手元に一冊置いておきましょう。最新版のPANTONEはかなり値が張りますが、旧版のものならセールなどで比較的安価に入手できます。

同様に、素材や付属品の変更、サイズを細かく指定したい場合も、具体的なサンプルや数字で指示するようにします。丁寧に指示することで、サンプルの仕上がりが自分の要望に近づいていきます。

■ ポイント③ スケジュールは余裕を持って計画を立てる

完成したサンプル商品に基づいて、工場は本生産をします。サンプル商品は納得がいくまで改善することが大切です。ただし、サンプル商品がうまくできなければ、修正に時間がかかりますし、場合によっては他の工場に変える可能性もあるでしょう。その場合は、またいちからサンプル作りを発注することになります。これまで何度も取引のある工場ならいいですが、初めて取引をする工場の場合は特に注意が必要です。予定している販売開始時期にきちんと納品が間に合うよう、万が一の事態も想定して、余裕を持ったスケジュールで進めるようにしましょう。

下のタイムスケジュールは、コートのグレードアップ商品の生産を例にしたものです。あくまで大きな問題が起こらなかった場合のスケジュールですから、さらにゆとりを持ったスケジュールを考えるようにしましょう。

グレードアップ商品のタイムスケジュール例（コートの場合）

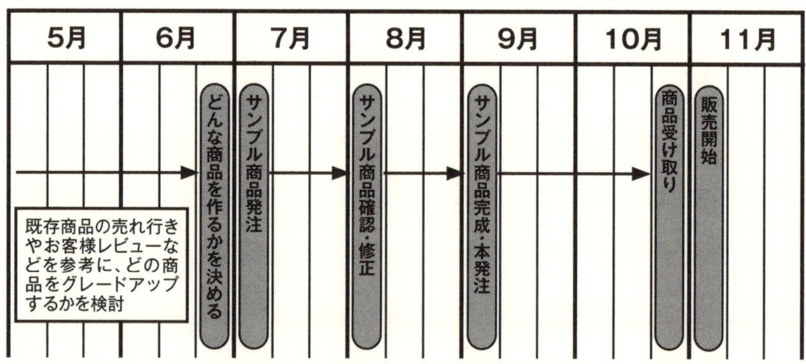

■ ポイント④ 生産コストや条件を事前に確認する

サンプル商品を発注する際には、その製造費用がいくらになるかを必ず確認しましょう。工場は、わずか数点のサンプル商品を作るために、多くの時間と手間をかけることになります。サンプル商品を作っても、その後の本発注に進まない可能性もあるため、サンプル商品の製造費用は、商品を本生産する際の単価よりもかなり割高に設定されていることが多いです。また、実際に本発注をした際、サンプル商品の製造費用をその中に含めてくれる場合もあれば、別途請求となる場合もあります。事前に確認しておきましょう。

そして、発注したサンプル商品が手元に届いたら、要望通りにできているかどうかを確認します。

グレードアップ商品は既存商品の一部に変更を加えて作るため、こちらの指示通りにサンプル品ができあがることが多いです。ただし、完成したサンプル品と同じものが本生産でも作られます。本生産ではサンプル品より良い品質のものを作ってくれるだろうと考えるのは非常に危険です。

もしもサンプル品の品質に納得がいかず修正が必要な場合には、具体的な修正点を伝えて、再度サンプルを製造してもらいましょう。何度かサンプルの修正を伝えても要望通りのものができあがらない場合は、工場自体を変更することを考えたほうがいいでしょう。

グレードアップ商品 ステップ4 本発注

サンプル商品が完成して初めて最終的なデザインと仕様が決定します。詳細が決まると生産コストも確定するので、MOQ、単価、納期を確認し、本発注を行います。

代金は本発注を行う時点で３〜５割を支払い、商品が完成し日本に発送してもらう時点で残金を支払うのが一般的です。工場によって全額前払いが条件の場合もあるので、事前の確認が大切です。

実際にグレードアップ商品を作ってみると、オリジナル商品作りの流れが感覚的に掴めてきます。少し慣れたところで、次の「完全オリジナル商品」作りにもチャレンジしてみましょう。

3 完全オリジナル商品開発に挑戦してみよう

完全オリジナル商品は時間の余裕を持って準備する

アリババから既製品を仕入れ、自分ブランド商品として販売する簡易OEMなら、必要な枚数をその都度仕入れることができるので、大量の在庫を長期間抱えるリスクは非常に低いです。しかし、自分でオリジナル商品を製造し、販売する場合、工場への発注は10着、20着という小ロットではなく、数十着、数百着というロットになり、その分まとまった費用も必要です。それだけの大きな投資になるので、挑戦する前にしっかり時間をかけて入念に準備をすることが大切です。

例えば、水着の大手メーカーは、来シーズンの新作水着の発表会を９月頃に行います。実際にはその前にマーケティングをし、デザイン、サンプル制作などが行われているので、発表までに一年半から二年くらいの時間がかかっていることは容易に想像できます。大手メーカーほどの時間を費やせとはいいませんが、完全オリジナル商品を作る場合には、ある程度の時間はかかると腰を据え、今年の売れ行きをしっかり分析して来季に向けた新商品を開発するという姿勢で取り組むことが大切です。

参考として、完全オリジナル商品の水着を作る際のタイムスケジュールをご紹介します。グレードアップ商品開発よりも時間はかかりますが、より自由度の高い商品作りが可能ですから、しっかり企画を立てて魅力的な商品を作っていきましょう。

完全オリジナル商品のタイムスケジュール例（水着の場合）

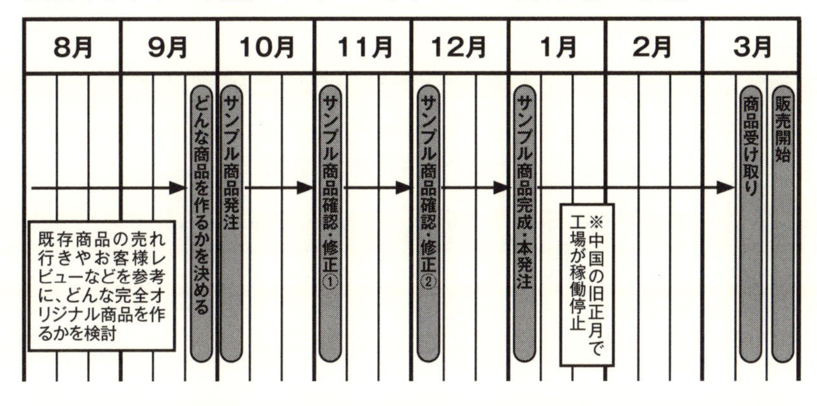

ステップ1　どんな商品を作るかを決める

完全オリジナル商品は、商品の素材、色・柄、デザインなどをいちから工場に指定して作っていきます。とはいえ、すでにお伝えしたように、一般的なアパレル会社のように、デザインの企画からパターンを起こして作り上げていくような専門的な知識や技術がなくても、完全オリジナル商品を作ることができます。

そこで力を発揮するのが、あなたがこれまでの販売経験で培ってきたリサーチ力です。グレードアップ商品開発と同様に、Amazonのデータや商品ページのレビューなどの情報をしっかり分析していきましょう。売れる商品には必ず売れる理由があり、反対に、売れない商品にも必ず売れない理由があります。それらを参考に商品の魅力を高めたり、課題を解消したりするアイデアを考えていきましょう。そして、アイデアをひとつに融合させて、まったく新しい売れる商品を生み出すのです。

例えば、ニットワンピースを作るなら、「基本的なシルエットは、この商品のようにスリムにしてほしい」「襟はこの商品のような大きめの形を採用したい」「裾にスリットを入れて歩きやすくしたい」

などと、様々な要素を組み合わせていきます。既存商品を具体例として提示する方法なら、専門的な知識がなくてもデザインの完成形をイメージしやすく、工場に明確な指示を伝えることができます。

自分だけのオリジナル柄の生地で差別化しよう

完全オリジナル商品を作る場合、生地の色や柄を自分で選定することができます。生産工場が使用する生地は、生地を製造販売する工場から仕入れています。様々な生地のサンプルを取り寄せて、どの生地を採用するのか比較検討ができます。使いたい生地が見つからない場合は、生地自体をオリジナルで作ることも可能です。

例えば水着商品の場合、無地の水着素材を用意して、専門的な機械で生地の表面に柄をプリントし、オリジナル柄の水着生地を作ることができます。

柄のデザイン（図案）は、下記のようなデジタル画像を提供するサイトでも購入できます。購入した図案データを工場側に提供することで、あなただけのオリジナル柄の生地ができあがります。

大手の画像提供企業「シャッターストック」

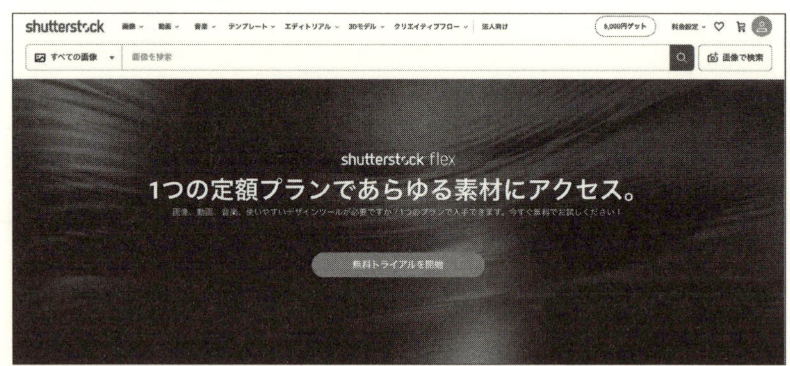

シャッターストック https://www.shutterstock.com/

同じデザインの商品でも、柄を変えることで大きく印象が変わります。例えば、花柄の水着とヒョウ柄や迷彩柄の水着では、興味を持つお客様の層も異なるでしょう。オリジナルの柄を作ることで、より幅広いお客様に商品をアピールして、ライバル商品と差別化していきましょう。

売れている商品をよく観察し、さらなる改良点を探す

アパレル製品では、デザインがよく似た商品でも、着心地が全然違うことがよくあります。商品を細かく比較すると、パーツの形が若干異なっていたり、生地の縫い方が違うことがあります。一見ささいな違いですが、それが商品の満足度を大きく変えることがあります。商品を研究する手間も費用もかかりますが、しっかり研究して最高の完全オリジナル商品を完成させれば、今後何年も売れていくロングセラー商品になる可能性も高くなります。

完全オリジナル商品開発のアイデアは無限にあります。どのような商品を作ればお客様が喜んでくれるのか、お客様目線でより良い商品開発を目指しましょう。

ステップ2　工場を探す

中国の生産工場は、工場によって製造する商品の専門分野が異なります。例えば、水着の工場は水着を専門的に生産しますし、バッグの生産工場はバッグを専門的に生産しています。工場を探す際は、その工場にあなたの作りたい商品を作れる経験、知識、実績があるかどうかをしっかり確認した上で選ぶようにしましょう。

また、完全オリジナル商品を作る場合、素材、色、柄、デザインなど、工場への要望も多くなります。そのため、工場の対応力やコ

ミュニケーションがスムーズかどうかも重要なポイントです。工場の中には、下記のような日本人相手に特化した自社サイトを開設しているところもあります。日本語で会話できるので、国内の工場と同じような感覚でコミュニケーションが取れますし、日本円での支払いも可能です。こうした工場を利用するのも、初心者にはおすすめです。

水着専門のメーカー・小売店向け仕入れサイト

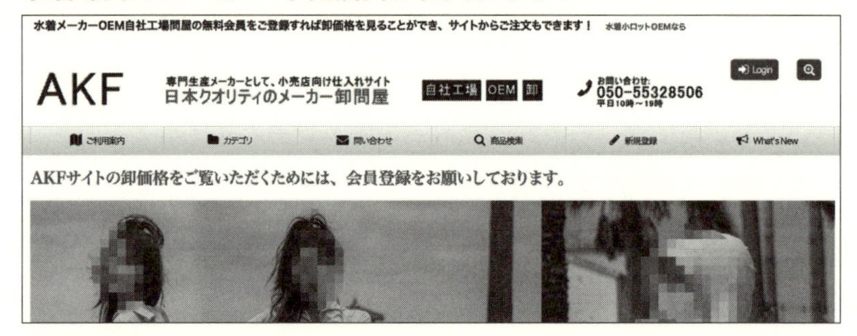

AKF https://www.akf-japan.jp

下に紹介する会社は、中国在住歴18年の日本人社長が経営している日本法人です。中国現地の多くの生産工場と業務提携して独自の生産ネットワークを築いており、アパレル商品全般について商品開発の全てをお任せすることができます。世界的にみても日本人は商品の品質について特に厳しい国民性といわれています。こちらの会社では、提携する生産工場と協力し、商品の品質向上に真摯に取り組んでいます。それぞれの工場がより高い技術力を持つことで、中国の製造業の技術力の底上げと発展に貢献しています。このような会社にも、インターネットを通じて直接発注ができます。

現地工場と提携し、アパレル全般の製造開発を請け負う日本法人

株式会社インセプション http://www.inception2.jp/

工場の「新作」を「型押さえ」する方法もある

完全オリジナル商品の開発の基本は、様々な商品を分析して進めていくことです。しかし、もっと簡単な方法もあります。それは、生産工場が作る「新作」を「型押さえ」するという方法です。型押さえとは、特定の新作商品を指定し、工場と独占販売契約を結ぶことです。

生産工場は、毎年たくさんの新作デザインの商品を製造します。完成直後の新作商品を見せてもらい、気に入ったデザインが見つかれば、あなたのブランドの完全オリジナル商品として型押さえすることで、ライバルが取り扱えない完全オリジナル商品が簡単にできあがります。

ただし、型押さえして独占販売させてもらうためには、工場側からある程度のまとまった数量の発注を要求されます。工場によって型押さえの条件は異なるので、事前に確認して進めるようにしましょう。

ステップ3　サンプル商品を発注する

サンプル商品の発注については、グレードアップ商品と同様です。219ページに紹介した下記の四つのポイントに留意しながら、サンプル商品の発注を行いましょう。

①情報は総合的に伝える

②要望点はできるだけ具体的に伝える

③スケジュールは余裕を持って立てる

④生産コストや条件を事前に確認する

完全オリジナル商品の場合、グレードアップ商品のように既存商品の一部を変更するのではなく、いちから商品を作り上げていきます。そのため、サンプル商品の入念な品質チェックが必要です。例えば、女性用の商品のサンプルを製造した場合、ターゲットである女性の率直な感想や意見をヒアリングするために、きちんと女性に試着してもらうことをおすすめします。

サンプル商品の品質チェックで改善点が見つかれば、再度サンプル商品を作ってもらいましょう。グレードアップ商品よりも難易度が上がるため、サンプル商品の修正回数も多くなることを想定して、早めにサンプル発注を行うようにスケジュールを立てておくといいでしょう。

ステップ4　本発注

納得のいくサンプル商品が完成したら、最低ロット、単価、納期を確認し、本発注を行います。

工場が商品を生産するには、まず使用する生地を生地工場から仕入れます。生地工場に希望の生地の在庫があればすぐに生産に取り掛かれますが、生地の在庫がない場合、生地工場に生地を生産してもらうところからスタートします。生地の製造に１～２週間かかることもよくあります。

また、生地の到着後、製造工場の生産ラインの確保にも時間が必要になる場合があります。工場が繁忙期で生産ラインが全て使用中の場合は、順番待ちを余儀なくされることもあります。そのため、余裕を持ったスケジュールで発注を行いましょう。

工場に発注する前に知っておきたいこと

アパレル商品で気を付けるべきこと

中国輸入ビジネスのアパレル商品は、誰でも手軽にオリジナル化することができます。とはいえ、初心者にはつまずきやすいポイントもあります。後々のトラブルにつながらないよう、ここでは事前に知っておきたいポイントをいくつか紹介していきます。

・色や素材は面積で印象が変わる

わずか5センチ四方サイズ程度の小さな生地見本の色や素材感を参考にして、使用する生地を決めて商品サンプルを製造すると、当初の 完成イメージと大きなズレを感じることがあります。「こんなに色味がきつかったかな？」、「もっと柔らかいイメージになると思ったけど」 などが普通に起きます。これは、同じ生地でも使用する面積が大きくなると色味が濃く見えたり、生地のストレッチ具合や光沢感が違って感じられたりする場合があるためです。こうしたズレがあることも理解しておきましょう。

・同じ商品を追加発注しても色ぶれが発生する場合がある

オリジナル商品の追加生産を発注した際、新しく生産された商品と以前の商品の色味に微妙に違い（＝色ぶれ）が生じる可能性があります。例えば、同じクリーム色の商品でも若干明るさが違う、黄色が少し強いなどといった違いが出ることも考えられます。これは、生産工場が追加生産の発注を受けてから新たな生地を購入するためで、生地のロールによって色味が微妙に異なる場合があるのです。全ての追加生産で色ぶれが起こるわけではありませんが、安価な生地の場合に起こりやすいようです。

許容範囲かどうかの問題はありますが、追加発注の際、色にある程度の誤差が出る可能性のあることも覚えておきましょう。

・生地に染めムラや糸飛び込みなどが見つかることがある

生地を染める際、生地ロールに部分的な染めムラができたり、「糸飛び込み」といって生地を織る際に別の生地の糸くずなどが織り込まれてしまったりすることがあります。工場では生産前に生地の検品を行いますが、染めムラや糸飛び込みの箇所が折り重なっている生地の中に隠れてしまい、事前に見つけられないこともあります。染めムラや糸飛び込みのある商品は不良品ですから、工場に返品となります。全部の商品にこうしたことが起こるわけではありませんが、わずかな確率で起こり得ることも知っておきましょう。

・サイズで多少の誤差ができる

素材によって差はあるものの、生地は引っ張ると多少は伸びます。そのため、型紙に合わせて生地を裁断する際、生地を引っ張った状態で裁断すると、裁断後に生地が元の大きさに戻り、型紙よりも小さなサイズでできあがることになります。ニットなどの伸縮性のある生地を使う場合は、完成したサンプル商品が指定した寸法通りにできているか、特に気をつけて確認しましょう。もし指定した寸法通りにできていない場合は、正しい寸法で再度サンプルを製造してもらいましょう。

・特殊な技術が必要なものは、金額が高くなる

「ここにステッチをかけたい」「ファスナーを通常と違う位置につけたい」など、一般的なアレンジのつもりで依頼したところ、実は、特別なミシンや技術を使わないとできないなど、気づかぬうちに工場にハイレベルな要求をしていることがあります。

特殊な技術が必要なものは、その分料金も高くなります。見積もりが高すぎる場合は、「どこを変えれば、コストを抑えられるのか」を工場と相談するようにしましょう。

・オリジナル商品を作る際には資金を準備する

オリジナル商品に挑戦する際、最初に必ず「資金」の確認をしましょう。簡易OEM商品は既製品を仕入れるため、一着、二着という少ない数から発注できますが、オリジナル商品はあなただけのオンリーワン商品を作ってもらうので、工場への発注はある程度まとまった数になります。発注する量が増えれば、工場に支払う金額も大きくなり、その分の資金が必要です。また、オリジナル商品は発注してから製造するので、手元に商品が届くまでに時間がかかります。つまり、オリジナル商品は売上を得るまでに時間的な余裕も必要なのです。例えば、手元の資金が十分でないうちに完全オリジナル商品を手がけたとします。工場に本発注する時点で商品代金の半分を支払いましたが、実際に商品が完成し、売上が上がるのは本発注から数カ月後です。これを考えずに資金を使うと、完全オリジナル商品が完成するまでに他の商品を仕入れる資金が不足するリスクがあるのです。

早くオリジナル商品を作ってみたいという気持ちはわかりますが、まずは簡易OEM商品でコツコツと売上や利益を伸ばし、資金をしっかり用意してから挑戦しましょう。

・発注前に損益分岐点を把握しよう

オリジナル商品の製造途中で資金が不足することのないよう、事前に「商品の生産コスト」がどのくらいの期間で回収できるか、いわゆる「損益分岐点」を把握しておきましょう。

ここでは、下記の条件を例に説明していきます。

・完全オリジナル商品100着を製造
・生産単価　1着あたり1,000円
・生産開始から納品までの期間　1カ月
・Amazonでの販売価格　1着あたり3,000円
・Amazonに支払う販売手数料　1着あたり1,000円
・商品代金は本発注の際に全額支払い
・1カ月に20着ずつ売れることを想定

【商品の生産コスト】

まず、商品の生産コストを計算してみましょう。商品を本発注する時点で工場に全額支払っているので、

1着1,000円×100着＝100,000円

この場合、100,000円が「商品の生産コスト」になります。

【1着あたりの回収金額】

次に、この商品が1着売れた際、生産コストをいくら回収できるでしょうか。Amazonでの販売価格は1着あたり3,000円、売れた際にAmazonに支払う販売手数料は1着あたり1,000円ですから、

3,000円−1,000円＝2,000円

この商品が1着売れるごとに2,000円が手元に入ってきます。つまり、2,000円が「1着あたりの回収金額」となります。

【損益分岐点】

この商品の生産コストを全て回収する「損益分岐点」はいつ頃になるかを計算しましょう。まず、何着売れば回収することができるでしょうか。生産コストの合計が100,000円、1着あたりの回収金

額が2,000円ですから、

100,000円÷2,000円＝50着

この商品を50着売れば、最初の生産コストの100,000円は回収できます。つまり、50着売れた時点が「損益分岐点」となります。

これを売上高で見ると、販売価格が1着あたり3,000円で、50着売れたのですから、

3,000円×50着＝150,000円

売上高150,000円のときに損益分岐点を迎えています。

では、50着が売れるのはいつ頃でしょうか。１カ月に20着ずつ売れていくので、

50着÷20着＝2.5カ月

この商品の生産コストが回収できる損益分岐点は、販売開始から2.5カ月後ということになります。

ただし、手元の資金を見るときにもうひとつ大切なことは、工場に生産費用を支払っているのが本発注の時点だということです。本発注から商品を受け取るまでに1カ月かかるため、

2.5カ月＋１カ月＝3.5カ月

実際に生産コストの100,000円が回収できるのは、代金を支払ってから3.5カ月後になります。損益分岐点を確認する際、発注から納品までの期間があることを覚えておきましょう。

損益分岐点をグラフで表すと、次ページのようになります。実線は売上高、点線は商品原価と商品が売れた際にAmazonに支払う販売手数料の合計です。販売前にすでに生産代金を工場に支払っているため、点線は100,000円からスタートしています。

損益分岐点を過ぎると、生産コストが回収され、商品が売れるほど利益はプラスになります。着実に売り上げることで手元の資金も潤います。

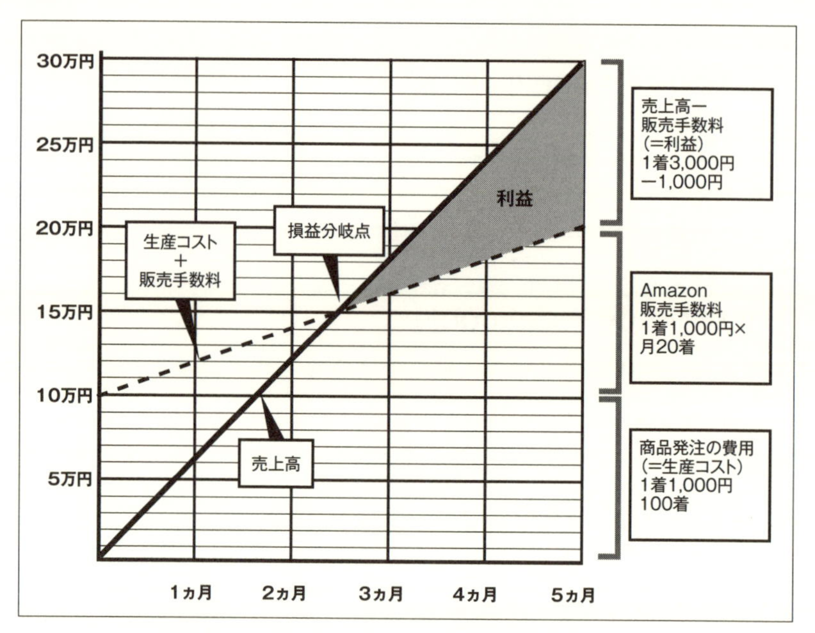

また、販売機会を逃さぬよう、100着が売り切れる前に追加発注することも大切です。この商品は、月に20着ずつ売れていき、5カ月後には商品が売り切れます。発注から納品まで1カ月かかるので追加発注のタイミングは商品販売開始から3.5カ月後となります。追加発注の際も、資金不足とならないように注意しましょう。

本章では、日本にいながらオリジナル商品を作る方法を紹介しました。グレードアップ商品と完全オリジナル商品をそれぞれ経験してみると、アパレルビジネスの面白さがさらに感じることでしょう。

中国現地でオリジナル商品を作る方法を詳しく解説したPDFを読者の方に特別にプレゼントします。右のQRコードから受け取り、参考にしてください。

Chapter 10

副業から経営者へのステップアップ

1 ビジネスオーナーとしての気構えを持とう

ビジネス成功の鍵は、マインドが全て

どのようなビジネスであっても、誰もが最初は未経験の初心者です。成功する自信が持てず、失敗する不安に駆られるかもしれません。しかし、初心者ほど「まずは大量行動をしてみる」ことが大事です。大量行動とは、文字通りたくさん行動するという意味です。そもそも大量行動をしないと、本当の問題が何かに気づくことができません。大量行動によって問題点を洗い出し、それを修正・改善していくことで成功に近づいていくのです。

仏教や禅で使われる「知覚動考（ちかくどうこう）」という言葉があります。知って、覚えて、動いて、考えるという、人が成長していく過程を説いたものといわれています。読み方によっては、「知（とも）覚（かく）動（うご）考（こう）」とも読めることから、物事をどれだけ知っていても、覚えていても、行動しなければ何も変わらない。得られた知識や情報を活かして行動しようという意味で、よく使われています。中国輸入ビジネスに限らず、ビジネスは考えているだけでは時間だけが経過して、成功に1ミリも近づくことができません。まずは、行動を起こしていきましょう。

今、本当にやるべきタスクだけに集中する

大量行動をする前から自分であれこれ考えてしまい、「あれもしなければ」「これも必要だ」と、余計なタスクを増やしてしまうひとがたくさんいます。本来であれば今やるべきタスクのみに絞り込んで正しい大量行動を行うことが成功への近道ですが、現実は自分が作り出した優先順位の低い多くのタスクに追われるようになっていきます。その結果、本来やるべき重要なタスクを見失ってしまい、成功が遠のいていくのです。

では、中国輸入ビジネスにおいて、初心者が最初にやるべき重要なタスクとは何でしょうか。Chapter3でお伝えしたように、商品をリサーチして利益の見込める商品を見つけることです。これをしなければビジネスは始まりません。

スポーツ選手でも、伝統芸能の大家でも、初心者はまずお手本（成功者）を模倣（真似）するところから始まります。これは中国輸入ビジネスでも同様です。最短最速で結果を出したいなら、初心者は自分で判断するよりも、すでに結果が出ている方法を手本に大量行動をしてみることです。ぜひ、素直な気持ちで実践し、成果を上げていきましょう。

実績を重ねた上に飛躍がある

初心者は、ビジネスに取りかかるとすぐに利益が得られると考えがちです。しかし、初心者の抱く成功イメージと現実的な成功への道のりには大きな乖離があります。

下の図は、初心者が期待する成功イメージと現実の違いを表したものです。

ビジネスの成功イメージと現実との違い

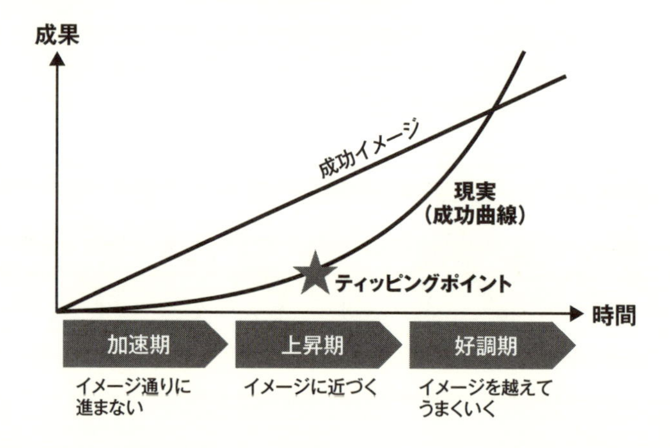

ご覧の通り、初心者の描く成功イメージは、時間と成果の関係が右肩上がりの直線となっています。それに対し、現実の成功への道乗りは、大きく湾曲した曲線を描いて上昇していきます。

なぜ、このような乖離が生まれるのかというと、初心者は会社員や契約社員、アルバイトとして月給や時給で働いている感覚でビジネスを捉えようとしているからです。一時間働いたら一時間分、一カ月働いたら一カ月分の報酬を得るというように、自分の時間を切り売りして対価を得るという感覚から、時間をかけた分だけ成果も直線で増えていくと期待して、右肩上がりの直線で成功イメージを描くのです。一方、現実は曲線を描きながら成功へと向かいます。

この曲線を「成功曲線」といいますが、なぜ直線でなく曲線なのでしょうか。その理由を、滑走路から飛び立つ飛行機を例に説明しましょう。

飛行機が離陸するのに必要な速度は時速約300kmといわれています。大量の燃料を燃やして轟音を響かせながら、滑走路を走行している途中段階ではタイヤは地上から１ミリも浮いていません。「頑張って加速しているのに１ミリも飛ばないじゃないか！」と飛ぶことを諦め、加速することをやめてしまえば、飛行機は離陸することはできません。図の中のビジネスの「加速期」は、まさに滑走路で飛行機が速度を上げている状態です。そして、離陸して飛行機が徐々に高度を上げている状態が「上昇期」、そこからさらに高度を上げて急上昇していくのが「好調期」です。このように、現実のビジネスは三つの段階に分かれ、曲線を描いて上昇するのです。

加速期を経て、その後に大きな変化をもたらす地点を「ティッピングポイント」といいます。地道にやるべきことを続けていれば、この地点が訪れます。ただ、そのことに気づかずに滑走路で加速している最中に「頑張っても成果が出ない」と諦めてしまうひとがとても多いのです。加速期には、成果のことは考えずに、飛行機を離陸させることだけに集中することが大切です。離陸したからとパイロットが操縦をやめたら、飛行機は墜落してしまいます。離陸後も気を抜くことなく、しっかりビジネスに取り組んでいきましょう。加速期を抜け上昇期で売上を伸ばし、好調期に突入することで成功曲線が直線の成功イメージを追い越すときが来るでしょう。

その瞬間を私自身も経験しましたし、私が指導している多くのコンサル生も、その瞬間を越えて売上を順調に伸ばしています。

ビジネスオーナーとして時間を有効活用しよう

中国輸入ビジネスが育ってくると、商品リサーチだけではなく仕入れや販売など、やるべきことが増えてきます。自分ひとりだけで実践していくことも可能ですが、使える時間は一日24時間しかありません。限られた自分の時間をいかに有効活用するのかも、ビジネスを円滑に回す上で重要なポイントになります。

例えば、商品にラベルシールを貼ったり、梱包したりするような簡単な作業は、自分以外のひとでもできます。こうした作業をスタッフに任せたり、外注化したりすることで、煩雑な作業から解放され、自分が自由に使える時間を増やすことができます。その時間を商品リサーチや商品仕入れ、オリジナル商品作りなど、あなたにしかできない仕事に有効活用していきましょう。

成功のスパイラルがビジネスを押し上げる

ビジネスで結果が出るようになると、あなたを取り巻く環境が変わってきます。これまで知らなかった新しい情報が入ってきたり、新たな出会いがあったり、様々な変化が起こるでしょう。私自身、会社員時代に自分が置かれていた環境、人脈、情報と現在はまったく違うものになりました。

よく「類は友を呼ぶ」といいますが、自分と似通ったひとは自然と引き寄せ合うものです。あなたのビジネスが成長するにつれて、そのレベルに合ったひとや質の高い情報がもたらされるでしょう。

そして、さらに成長して上のステージにいくには、より実績の高い成功者とつながりを持つことです。そういうひとと良好なコミュニケーションが取れるようになると、さらにレベルの高い情報や交友関係が手に入るようになるでしょう。あなたの周りにいるひとたちのレベルが上がるほどあなたのレベルも上がります。成功のスパイラルが、あなたのビジネスをさらに大きく発展させてくれるでしょう。

2 ビジネスオーナーとしてお金と向き合う

ビジネスを育てていくには資金が必要

中国輸入ビジネスに取り組む際には、まず商品を仕入れるための資金が必要です。最初は少額の仕入れから始めることも可能ですが、Chapter 9 で解説したように、「グレードアップ商品」や「完全オリジナル商品」開発に挑戦する場合には、ある程度まとまった数量を工場に発注するため、既存商品の仕入れよりも大きな資金が必要になります。手元の資金の金額によって展開できるビジネスの規模が変わるのです。

手元の資金に余裕がないと、資金不足を恐れて失敗することができず、次の仕入れにブレーキがかかり、手堅い仕入れのみになります。新たに挑戦する勇気も起きにくいでしょう。反対に資金に余裕があれば、より多くの商品を一度に仕入れることができ、新たなオリジナル商品開発にも挑戦することができます。「失敗してもやり直せる」という心強さがあるため、ビジネスに前向きに取り組めるのです。たとえ小さな失敗をしても、商品の修正や改善のヒントにつながり、ビジネスを育てていく学びになります。資金に余裕を持つことで、あなたのビジネスをより大きく育てていくことができるのです。

金は天下の回りもの。動かしてこそ生きる

最初は自己資金でビジネスを始めますが、前述の成長曲線（238ページ）が上昇期、好調期へと進んでいくと、商品がたくさん売れるようになり、どんどん商品を仕入れてビジネスを大きくしていきたくなるものです。すると、自分の手持ちの資金だけでは心もとない場面が出てきます。その場合は、金融機関から融資を受け、調達した資金をビジネスに投入するのです。

融資というと「借金＝悪」というネガティブな考えから敬遠するひともいますが、ビジネスを育てるための資金として使うのですから、融資は「お金を活かす」ためのとても前向きな行為です。

昔から「金は天下の回りもの」といいます。中国輸入ビジネスも、資金を投入しお金を回してこそ、さらに大きな売上を作ることが可能になります。

シンプルな物販ビジネスは融資を受けやすい

中国輸入ビジネスは、金融機関からの融資が受けやすい業態です。なぜならば、「ものを安く仕入れて高く売る」というシンプルな物販ビジネスはお金の流れが明朗だからです。金融機関は用途のわからないお金を貸したくありません。その点、資金の用途が物販の仕入れというのは、融資をする側にとってもとてもわかりやすいのです。また、市場ですでに売れている商品を仕入れて自分ブランドで販売する「後出しじゃんけん」のビジネスであることから、「これだけ売れるから、これだけ融資してほしい」という要望を理路整然と説明できる点も金融機関にとっての安心材料となり、「このひとに貸しても大丈夫だ」と判断してもらいやすいといえます。

融資の相談は、まず、日本政策金融公庫へ

日本政策金融公庫は、民間銀行と異なり、国が運営している金融機関です。そのため、民間銀行よりも中小企業や個人に対して積極的に融資を行っており、初めての融資でも安心して相談できます。

融資の種類には様々ありますが、初心者は「新創業融資制度」を利用するといいでしょう。

新創業融資制度は、創業間もないひとを支援する融資制度です。詳しい情報については、インターネットで「日本政策金融公庫」で検索し、同公庫のホームページで内容を確認した上で申請しましょう。

一期目の決算を終了したときが融資を考えるタイミング

融資を申し込むタイミングは一期目の決算を終えたときです。

どのくらいの融資金額を希望するかはひとそれぞれですが、月の売上の三カ月分くらいが現実的なラインでしょう。

なぜ三カ月分かというと、融資を受けて商品を仕入れ、販売して、利益を得られるまでの期間が約三カ月間だからです。それを踏まえて、融資をする側は「三カ月分あれば仕入れに使った資金が回収でき、資金が回るだろう」と考えるわけです。

もちろん、三カ月分より多めに融資してくれる可能性もあるので、申請金額は少し多めに見積もるといいでしょう。仮に多めに融資を受けることができれば、気持ちにゆとりを持ってビジネスを展開できます。

また、万が一、金融機関から融資を断られたとしても、落ち込む必要はありません。今はまだ融資できないというだけで、条件さえ整えば金融機関は喜んで融資してくれます。もし月の売上が50万

円を超えた状態で断られたとしたら、月の売上が100万円を超えた状態で再度融資の申請をしてみてもいいでしょう。

売上が増えている状態で融資を申し込む

「銀行は晴れの日に傘を貸し、雨の日に取り上げる」という言葉があります。これは銀行が、企業の経営が好調なときには喜んでお金を貸そうとするのに、経営が苦しくなってくるとお金を貸すどころか、貸していたお金を回収しようとするたとえで使われるものです。

相手を選ばずにお金を貸し続けていては、金融機関の経営が成り立たないので、晴れの日にしかお金を貸さないというのも当然だといえます。しかし、これを逆から考えてみると、金融機関は「晴れの日」の会社にお金を借りてほしいのです。つまり、「晴れの日」に融資の申請をするほうが、有利な条件で話を進めやすくなるでしょう。

ひとの印象として、毎月の売上金額が伸び続けていると、その先もさらに伸びるだろうと自然に感じるものです。反対に、売上金額が落ちているのを見ると、この後も落ちていくだろうと感じます。もし、あなたが融資する側の担当者だったら、どちらに融資をしたいと感じるでしょうか。

一期目の決算を終え、売上の右肩上がりが続いている「晴れの日」の状態で申請できるのがベストなタイミングでしょう。

そして、融資を受けた後は、しっかり利益を上げ、滞らずに返済をすること。それによって金融機関のあなたのビジネスに対する信頼度は高くなり、さらなる融資も受けやすくなります。

ビジネスの成長に金融機関の支援は欠かせないものです。良い関係を築き、共に成長することを目指していきましょう。

3 豊かで幸せな人生を手に入れるために

成功者は、どんな局面でも敵を作らない

親しい間柄でも、考え方の違いや損得の問題で揉めたり、喧嘩をしたりすることはあるものです。しかし、言い合いのまま終わってしまうと、互いにモヤモヤして人間関係が悪くなるかもしれません。

ところが、ビジネスで成功するひとは、人間関係で揉めることがありません。「金持ち喧嘩せず」といいますが、成功者はどんな局面でも敵を作らないのです。

たとえ自分が正しかったとしても、言い争えば相手との関係が悪くなり、敵を作ることになります。それがビジネスの人間関係であれば、損失につながる可能性が高いでしょう。成功者は、物事を本質的に捉え、何が自分にとって最善かを判断して行動します。ビジネスを展開していく上で、自分にとって何が最善の道なのかを冷静に判断できる目を養っていくことが大切です。

周囲に敵を作らない人間関係作りのコツは、相手の存在を尊重することだと思います。その意味では、近江商人の「三方良し」の教えも、ビジネスを展開する上での良い教訓です。三方良しとは、「売り手良し」「買い手良し」、そして「世間良し」という意味です。つまり、ビジネスで成功するには、自分の利益だけを考えず、お客様や世間のことも考え、社会貢献できる商売をすることが大事なのです。

中国輸入ビジネスは、中国から商品を安く仕入れ、日本で高く売

ることで利益を得ます。しかし、単に価格差のみで利益を出すわけではありません。数ある商品の中から質の良い商品を吟味して仕入れ、お客様がAmazonで商品をクリックしたら翌日に商品が手元に届くようにお膳立てをする。そして、お客様に「良い品を安く、簡単に手に入れることができた。買ってよかった」と、喜んでいただく。その作業の手間や時間の対価として、利益をいただくのです。

また、ここで得る利益はあくまで適正な利益です。原価の何十倍という値段で大きな利益を稼ぐのではなく、適正な価格でお客様に商品を届けるのです。その点ではビジネスをすること自体が社会貢献にもつながっていると考えています。「儲かりさえすれば、何でもいい」という考えでビジネスに取り組んでも長続きしませんし、敵を作ることにもなるでしょう。お客様が喜び、社会が喜んでくれてこそ、次のビジネスにつながるのです。ぜひ「三方良し」の姿勢、感謝の気持ちを持ってビジネスに取り組んでいきましょう。

中国輸入ビジネスだからこそ、コロナ禍に貢献できた

新型コロナウイルスの感染が拡大し始めた頃、日本中で深刻なマスク不足が発生しました。そして、マスクの価格が高騰し、高額転売が禁止されるまでになりました。

そのような状況の中、私は中国の工場でマスクを製造し、日本に輸入することにしました。商品パッケージからデザインしたオリジナル商品を、転売ではなく自分ブランドの商品として、マスク不足で困っていた日本の方々に届けたのです。中国輸入ビジネスは、商品の供給量が減って世の中が困っている時に、自ら製造販売元となって商品を供給することで、社会貢献できるビジネスモデルなのです。

コロナ禍の中で、社会貢献のために製造した自分ブランドのマスク

成功するひとは、最初から出口戦略を考えている

中国輸入ビジネスが順調に成長している場合、あなたはその後のステップをどのように考えるでしょうか。このまま一生続けるというひともいれば、資金ができたら別のビジネスにも挑戦したいというひともいるでしょう。

いずれにしても、中国で仕入れてAmazonで販売するというビジネスモデルは、その後のビジネス展開の選択肢を広げてくれるでしょう。通常のビジネスの場合、それを終える際には会社を畳むか、潰すしか選択肢がありません。ところがAmazonの場合は、自分の会社をそのまま残しながら、Amazonで販売している自分ブランドのアカウントのみを他社へ譲渡することができるのです。例えば、アパレルカテゴリーの商品を取り扱うアカウント、商品の在庫、仕入れ先情報をまとめて他社に売却・譲渡できます。

中国輸入ビジネスにおいて、Amazonで商品を販売するということは、単にそこで稼ぐだけでなく、将来的なM&Aを視野に入れてアカウント自体を売却可能な資産として育てていくことなのです。

予測困難な時代をフレキシブルに生きる

今は、VUCA（ブーカ）の時代だといわれます。VUCAとは、四つの単語「Volatility（変動性）」「Uncertainty（不確実性）」「Complexity（複雑性）」「Ambiguity（曖昧性）」から頭文字をとって作られた造語で、主に「将来を予測するのが困難な時代」という意味で使われます。

疫病や戦争など、多くの人たちが経験したことのない事態が世界中で起きています。さらに、AIやITの進化により、ものごとは急速に変化していきます。そのような中で生き抜いていくには、時代の変化のスピードに合わせ、フレキシブルに自分を変化させていく必要があります。現状のままでいようという思考パターンでは、今の時代の変化についていけなくなってしまいます。普段から時代の変化を注視して常にチャレンジしていく姿勢が求められます。

感謝の気持ちを持ってビジネスに取り組もう

ビジネスは人と人との関係で成り立っています。今ここでビジネスができているのは、それを支えてくれる周囲の人々の存在があるからです。商品を購入されるお客様はもちろん、その商品を製造してくれる工場の人たち、仕入れを手伝ってくれる輸入代行業者の人たち、販売をサポートしてくれるAmazonの人たち、あなたのビジネスを応援してくれるご家族など、ひとつの商品がお客様の手に届くまでには多くの人々の支えがあります。そのことに感謝の気持ちを持つことが大切です。

感謝を持ってひとに接していると、相手にもそれが伝わり、返してくれるようになるものです。こうした気持ちのやりとりが人間関係の絆を深め、あなたにより大きな力を与えてくれるでしょう。

先行きの不透明な今の時代を生き抜いていくために、感謝を持ってビジネスに取り組んでいきましょう。周囲のひとたちの力を得ながら、ビジネス成功の道はさらに大きく拓かれていくでしょう。

あとがき

本書を最後までお読みいただいて、ありがとうございました。

「アパレル」というひとつのテーマを深掘りし、詳細に解説している中国輸入ビジネスの本は、私が知る限り他に存在しません。

実は、アパレルの分野だけでもお伝えしたいことがありすぎて、執筆を進めるうちに原稿のボリュームは400ページをはるかに超えてしまいました。しかし、そのまま単行本にすると、かなり厚く重い本になりますし、価格も上がってしまいます。そこで、より多くの方に手にとっていただけるよう、できるだけ内容をシェイプアップして完成させたのが本書です。

悩みながら掲載を諦めた内容は、読者の方へのプレゼントとさせていただきました。それによって中国輸入ビジネスの「アパレル」に関する様々な情報を、実際の画像などを入れ込みながら詳しく説明できました。これほど読者プレゼントの多い書籍も珍しいのではないかと思います。

中国輸入ビジネスという広大な大海原で、成功を目指して船を漕ぐ。そんなあなたを正しい方向に導く、灯台の光のような役割をこの本が果たしてくれるでしょう。

今の時代、私たちを取り巻く環境は大変厳しくなっています。

世界を見れば、中東やロシアなど、各地で戦争や紛争が続いています。今後も国際情勢の緊張感はさらに高まり、日本経済もその影響や打撃を大きく受けていくことになるでしょう。国内のインフレが進む中、「自分の資産は自分で守らなければ」と危機感を感じている方も多いでしょう。

それに加え、日本国内では地震や津波、大雨などの自然災害の発生が相次いでいます。2024年8月には日向灘を震源としたマグニチュード7.1の地震が発生し、大規模地震への注意を呼びかける地震臨時情報が発表されたのは記憶に新しいところです。緊張感のある報道に、これまで経験したことのない大規模な自然災害が起こり得る可能性を衝撃と怖さをもって受け止めたのではないでしょうか。

いつどのような事態が起こるのか、極めて予測が困難な状況下では、以前と変わらぬ価値観やものの考え方は通用しなくなっています。どのような環境の変化にも柔軟に対応し、収入の柱を確保できるようにしておかなければ、自分や大切なひとを守っていくことはできないでしょう。本書を手にしたあなたには、ぜひ、ビジネスで成功を収め、末永く安定して豊かなライフスタイルを手に入れていただきたい。その思いが本書を書き上げるモチベーションにもなりました。

中国輸入ビジネスの「アパレル」販売は、数あるビジネスモデルの中でも、今の時代に即したものだと思います。

初心者の方でも大きなリスクを負わずに始めることができますし、自分の状況に応じて手堅く事業を広げていくことも可能です。

しかも、「ものを仕入れて販売する」というシンプルなビジネスモデルの知識やノウハウは、中国輸入だけでなく全ての貿易ビジネスに通用するものです。この事業で知識と経験と実績を積み、それを活かしてさらにグローバルに飛躍していくこともできるのです。

まずは、最初の一歩。「アパレル」という大海原にいざ漕ぎ出してみましょう。船は少しずつスピードを上げ、あなたが目指す幸せな未来に向かって進んでいきます。本書を安全な航海にお役立ていただけるなら、著者として幸甚の至りです。

根宜　正貴

豪華19特典読者プレゼント

ページ数の都合で泣く泣くカットされた
「幻の未公開原稿」を読者のあなたに
感謝の気持ちを込めてプレゼントさせていただきます！

中国輸入ビジネス アパレル物販を始めるにあたり、
知っておくと便利な知識、情報、テクニック、ツールなどを
惜しげもなく公開しております。私からのプレゼントを受けとっていただき、
あなただけの「ディレクターズカット版」を完成させて、
さらに中国輸入ビジネスの理解を深めてもらえたら、著者として嬉しく思います。
右ページの方法で情報を手に入れて、あなたのビジネスに大いに活用してください。

P.49 Chapter 2

① 効率のよいブランド名の作り方
② ロゴデザインの発注方法

自分ブランドのネーミングや
ロゴデザインを作る際に役立つ内容です。

P.62 Chapter 3

③ Keepaの登録方法
④ Keezonの登録方法

Amazonで気になる商品のランキング
などをリサーチする際に活躍する
ツールの登録方法を説明しています。

P.89 Chapter 3

⑤ アリババのアカウント登録の方法

商品の仕入れ先となるアリババの
アカウント登録の方法を説明しています。
利益率を計算する際にもアリババを活用
します。

P.92 Chapter 3

⑥ アリババのキーワード検索の方法

アリババで仕入れ単価を調べる際、
キーワードから商品を検索して調べる方法
を説明しています。

P.124 Chapter 4

⑦ 輸入代行業者への依頼方法

輸入代行業者に依頼する方法や
商品に関わるタグや包装袋などの知識を
詳しく説明しています。

P.134 Chapter 5

⑧ 出品用アカウントの登録方法
⑨ セラーセントラルの初期設定方法
⑩ 出品許可申請の手順

Amazonの大口出品セラーになるために
必要な手続きについて説明しています。

プレゼントの入手方法はこちら

Step1 LINEアプリを開き、@negi9で「ID検索」もしくは以下のQRコードで友だち追加をしてください。

@negi9

Step2 つながりましたら、LINEで「読者プレゼントください」とメッセージを記入して送信してください。

詳しい知識や手順などがわかる！　特別プレゼントが盛りだくさん！

P.171 Chapter 6

⑪ 画像加工の外注指示書のひな型

webデザイナーに画像加工を依頼する際に利用できる外注指示書のひな型です。

P.174 Chapter 6

⑫ 商品管理エクセル表

JANコードのチェックデジットの計算が自動でできる商品管理表です。

⑬ セラーセントラルでの商品登録の方法

⑭ セラーセントラルでのFBA納品の方法

実際にセラーセントラルで商品を登録する方法、FBA倉庫への納品方法について説明しています。

P.204 Chapter 8

⑮ スポンサープロダクト広告の登録方法

⑯ 商品紹介（A+）コンテンツの登録方法

⑰ Amazon Vine先取りプログラムの登録方法

Amazonの販売促進サービスについて、それぞれの登録方法を説明しています。

P.206 Chapter 8

⑱ セールモンスターの登録方法

Amazon以外の大手ECモールにも商品を自動出品できる「セールモンスター」の登録方法を説明しています。

P.234 Chapter 9

⑲ 中国現地でオリジナル商品を作る方法

実際に中国現地を訪れてオリジナル商品を作る際の準備や問屋街の歩き方などを詳しく説明しています。

※プレゼントキャンペーンは予告なく終了する場合がございます。あらかじめご了承ください。

【著者プロフィール】
根宜正貴（ねぎ まさたか）

1979年、愛知県生まれ。年商1億円の中国輸入ビジネス・メーカーオーナー。株式会社オニオンリンク代表取締役。
もとは年収200万円のサラリーマンだったが、東日本大震災を機に会社の給料に頼らずに収入を得る道を模索する。2012年にパソコン１台と仕事のあとの空き時間（1～３時間）を使い、副業で中国輸入ビジネスを開始。1年目から自分ブランドでの販売を始め、３年後には年商1億円を達成。確実に売れるブランドを生み出すための法則を体系化し、売れるブランドのリサーチツール「あまログ」を自社開発。現在は、輸入ビジネスを手掛ける一方で中国輸入ビジネスのコンサルタントとしても活躍。これまでに1000名以上のコンサルティング実績がある。プライベートでは一人娘を持つシングルファザーとして、育児とビジネスを両立する日々を楽しんでいる。

Amazon オリジナルブランド 戦略で稼ぐ
中国輸入 貿易ビジネス アパレル物販の教科書

2024年9月30日　第１刷

〔著者〕
根宜正貴
〔発行者〕
籠宮啓輔
〔発行所〕
太陽出版

〒113-0033 東京都文京区本郷3-43-8
TEL 03(3814)0471　FAX 03(3814)2366
http://www.taiyoshuppan.net/
E-mail info@taiyoshuppan.net

書籍コーディネート＝インプルーフ　小山睦男
装幀・DTP＝KMファクトリー
印刷＝シナノパブリッシングプレス
製本＝井上製本所
ISBN978-4-86723-175-3